U0173606

本书受北京印刷学院

“国家级一流专业——编辑出版学专业建设”

经费资助

ZHONG GUO DIAO BAN
YUAN LIU KAO HUI KAN

中国雕板源流考汇刊

孙毓修 撰
叶新 郑凌峰 樊颖 整理

图书在版编目(CIP)数据

中国雕板源流考汇刊/孙毓修撰;叶新,郑凌峰,樊颖整理. —北京:中华书局,2023.7(2024.3重印)
ISBN 978-7-101-16213-4

Ⅰ.中… Ⅱ.①孙…②叶…③郑…④樊… Ⅲ.①木版水印-印刷史-中国-古代②版本学-中国-古代 Ⅳ.①TS872-092②G256.22

中国国家版本馆CIP数据核字(2023)第080714号

书　　名　中国雕板源流考汇刊
撰　　者　孙毓修
整　　理　叶　新　郑凌峰　樊　颖
责任编辑　张玉亮　胡雪儿
责任印制　陈丽娜
出版发行　中华书局
　　　　　(北京市丰台区太平桥西里38号　100073)
　　　　　http://www.zhbc.com.cn
　　　　　E-mail:zhbc@zhbc.com.cn
印　　刷　三河市中晟雅豪印务有限公司
版　　次　2023年7月第1版
　　　　　2024年3月第2次印刷
规　　格　开本/787×1092毫米　1/32
　　　　　印张8¾　插页22　字数180千字
国际书号　ISBN 978-7-101-16213-4
定　　价　68.00元

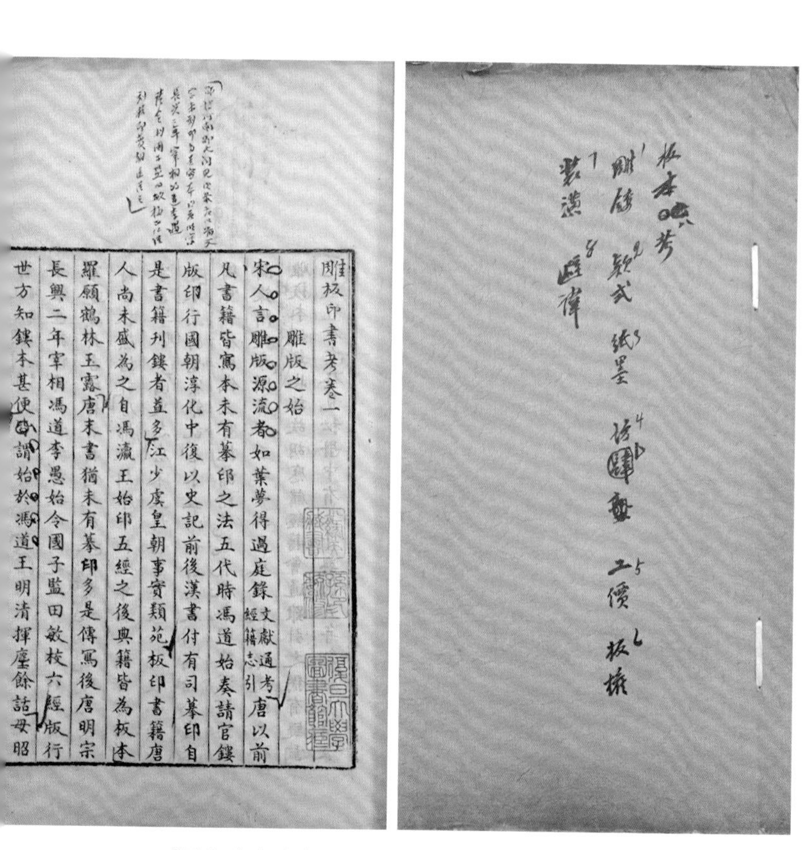

雕板印書考卷一

雕版之始

宋人言雕版源流者如葉夢得過庭錄文獻通考經籍志引唐以前凡書籍皆寫本未有摹印之法五代時馮道始奏請官鏤版印行國朝淳化中復以史記前後漢書付有司摹印自是書籍刊鏤者益多江少虞皇朝事實類苑板印書籍唐人尚未盛為之自馮瀛王始印五經之後典籍皆為板本羅願鶴林玉露唐末書猶未有摹印多是傳寫後唐明宗長興二年宰相馮道李愚始令國子監田敏校六經版行世方知鋟本甚便[illegible]謂始於馮道王明清揮塵餘話毋昭

《雕板印书考》稿本，复旦大学图书馆藏

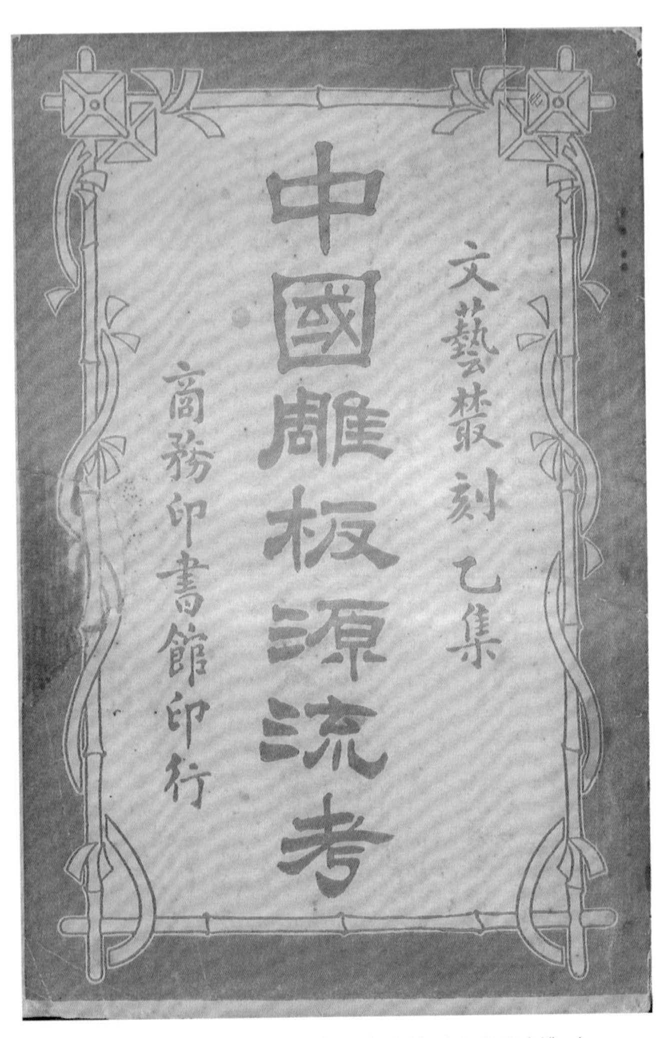

《中国雕板源流考》，商务印书馆《文艺丛刻》本

《中国雕板源流考》，商务印书馆《万有文库》本

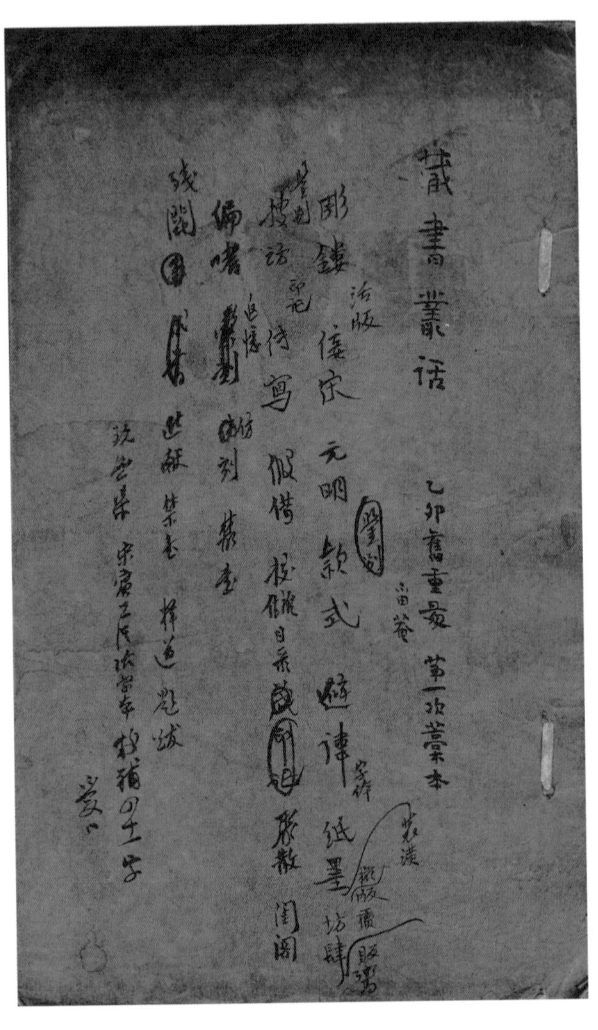
藏書叢話

《藏书丛话》稿本，上海图书馆藏

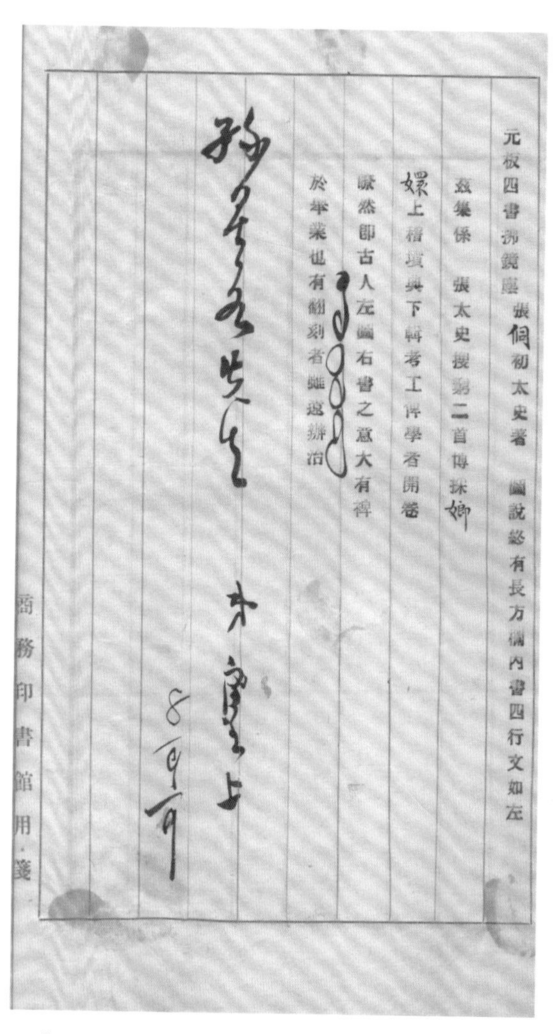
元板四書拂鏡塵 張侗初太史著 圖說終有長方備內書四行文如左
茲集係 張太史授第二酋傳採卿
嫘上梓壞與下輯考工俾學者開卷
瞭然即古人左圖右書之意大有裨
於舉業也有翻刻者雖遠辦治
孫星如先生
元濟上
8月
商務印書館用箋

《翻版牓文》稿本夹附张元济函，上海图书馆藏

蔡邕鴻都石经立於熹平四年當時觀者車馬填隘
未三十年兵火亂離已失其半後遷於鄴遷於洛陽
遷於長安遂致蕩然至唐開元帝僅存墨本耳
宋初開地唐御史府得石经十餘石又嘉祐中居
民治地得碎石洗視乃石经此蓋彼時所搨也雖
所存無幾然先正典刑具在已是魯靈光矣

孙承泽砚山斋本《熹平石经》拓片，北京故宫博物院藏

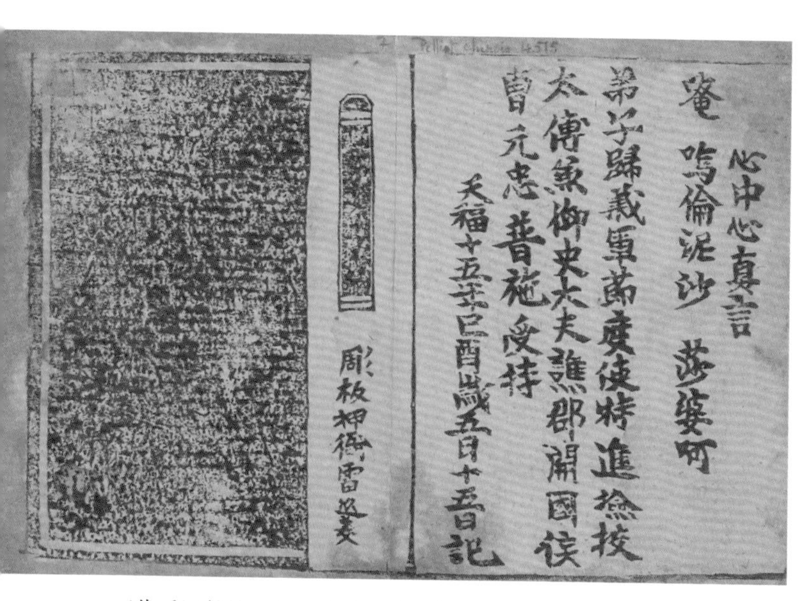

心中心真言
唵 嗚倫泥沙 娑婆訶
弟子歸義軍節度使特進檢校
太傅兼御史大夫譙郡開國侯
曹元忠普施受持
天福十五年己酉歲五月十五日記

雕板押衙雷延美

五代后汉乾祐三年刻本《金刚经》，法国国家图书馆藏

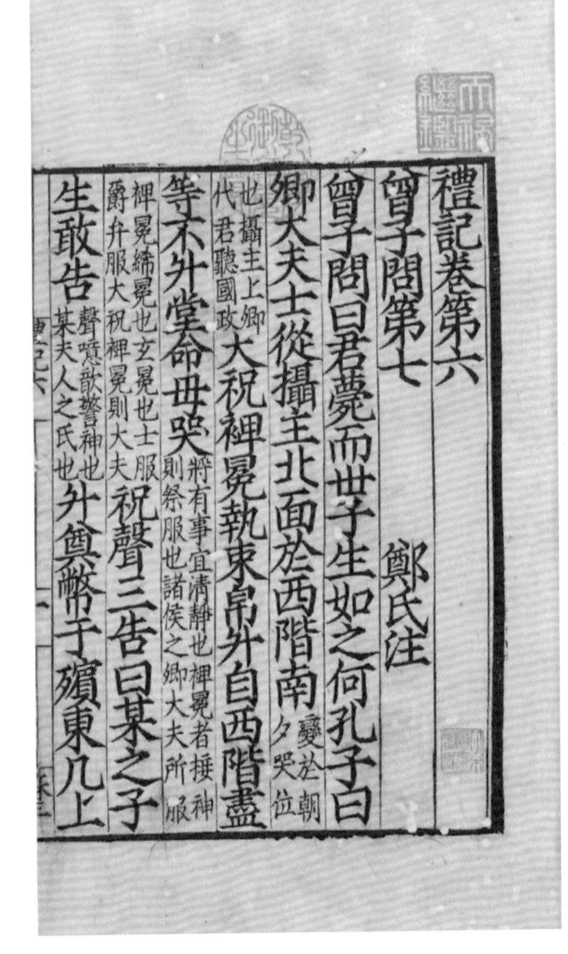

禮記卷第六

曾子問第七　鄭氏注

曾子問曰君薨而世子生如之何孔子曰卿大夫士從攝主北面於西階南（變於朝夕哭位也攝主上卿代君聽國政）大祝裨冕執束帛升自西階盡等不升堂命毋哭（將有事宜清靜也裨冕者接神則祭服也諸侯之卿大夫所服裨冕絺冕也玄冕也士服爵弁服大祝裨冕則大夫）祝聲三告曰某之子生敢告（聲噫歆警神也某夫人之氏也）升奠幣于殯東几上

宋蜀刻本《礼记》，中国国家图书馆藏

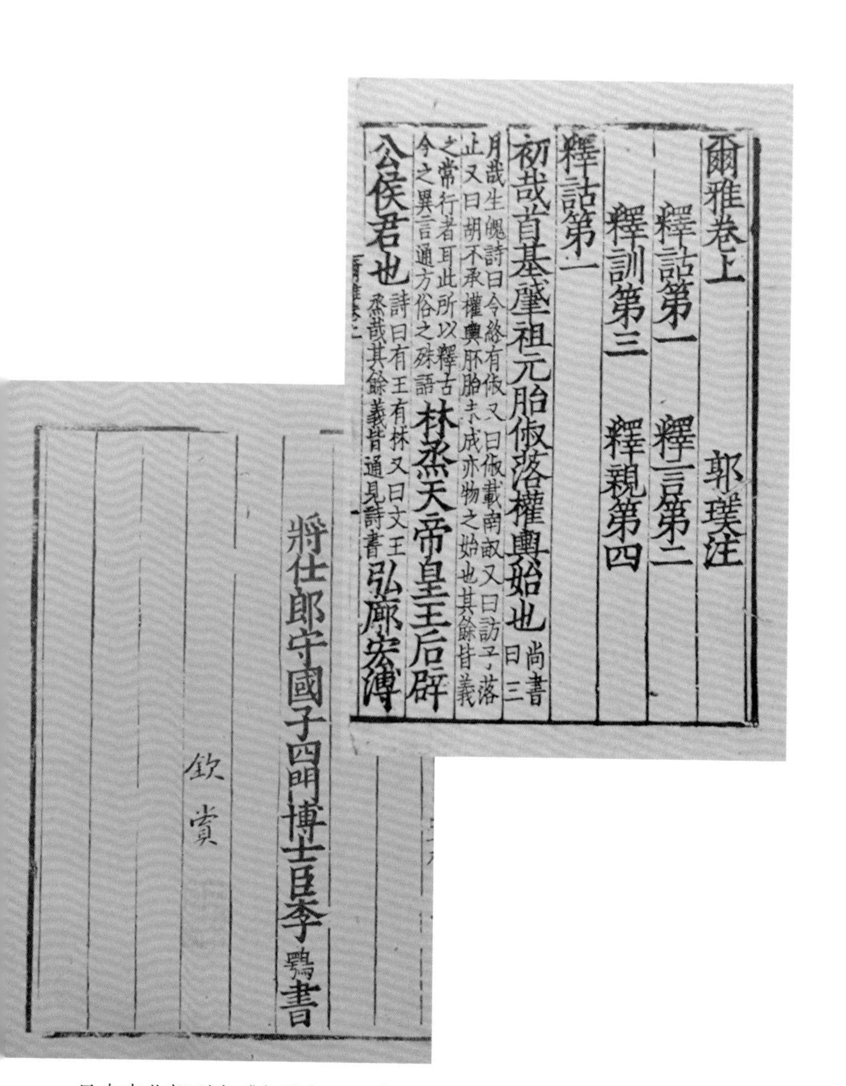
爾雅卷上　郭璞注

釋詁第一　釋言第二

釋訓第三　釋親第四

釋詁第一

初哉首基肇祖元胎俶落權輿始也尚書曰三月哉生魄詩曰令終有俶又曰俶載南畝又曰訪予落止又曰胡不承權輿胚胎未成亦物之始也其餘皆義之常行者耳此所以釋古今之異言通方俗之殊語

林烝天帝皇王后辟公侯君也詩曰有王有林又曰文王烝哉其餘義皆通見詩書

弘廓宏溥

將仕郎守國子四門博士臣李鶚書

欽賞

日本南北朝刊本《尔雅》，日本古典研究会影印神宫文库藏本

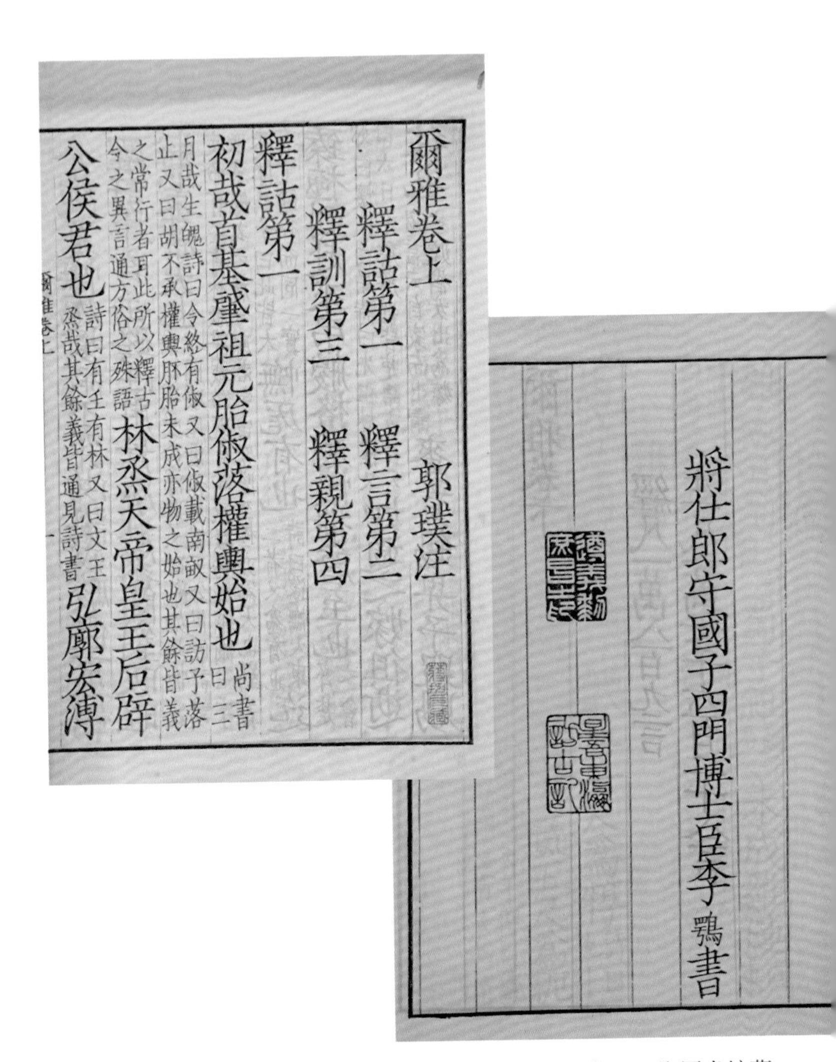

爾雅卷上　　郭璞注

釋詁第一　釋言第二

釋訓第三　釋親第四

釋詁第一

初哉首基肇祖元胎俶落權輿始也尚書曰三月哉生魄詩曰令終有俶又曰俶載南畝又曰訪予落止又曰胡不承權輿胚胎未成亦物之始也其餘皆義之常行者耳此所以釋古今之異言通方俗之殊語林烝天帝皇王后辟公侯君也詩曰有壬有林又曰文王烝哉其餘義皆通見詩書弘廓宏溥

爾雅卷上　一

將仕郎守國子四門博士臣李鶚書

清光绪遵义黎氏刊《古逸丛书》单行本《尔雅》，上海图书馆藏

國子監重刊書序

臣聞後漢立石經於太學前朝復刊勒於國庠皆不備注文未全載籍既難傳習何以興行今　我國家道煥文明化同書軌將弘啓迪務廣典墳於是博采古文旁求碩學詳校麤注明徵指歸寫篆字書雕成印本計彼艱難之始雖積歲而漆版方成閱兹

清初席氏釀华草堂影宋抄本《五经文字》，中国国家图书馆藏

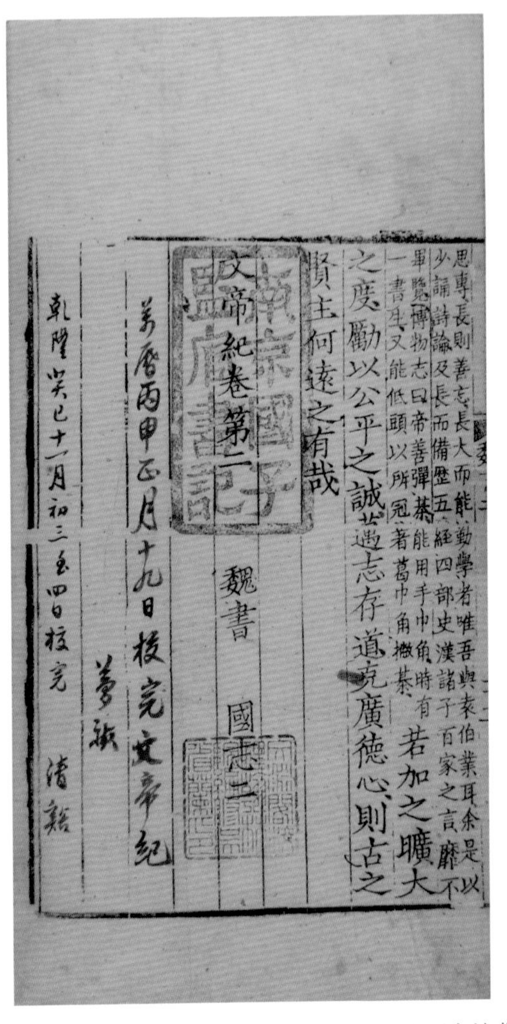

思專長則善志長大而能勤學者唯吾與袁伯業耳余是以少誦詩論及長而備歷五經四部史漢諸子百家之言靡不畢覽博物志曰帝善彈棊能用手巾角時有一書生又能低頭以所冠著葛巾角撇棊若加之曠大之度勵以公平之誠邁志存道克廣德心則古之賢主何遠之有哉

文帝紀卷第二　魏書　國志二

萬曆丙申正月十九日校完文帝紀　夢穎

乾隆癸巳十一月初三至四日校完　清黙

宋衢州州学刻元明递修本《三国志》，上海图书馆藏

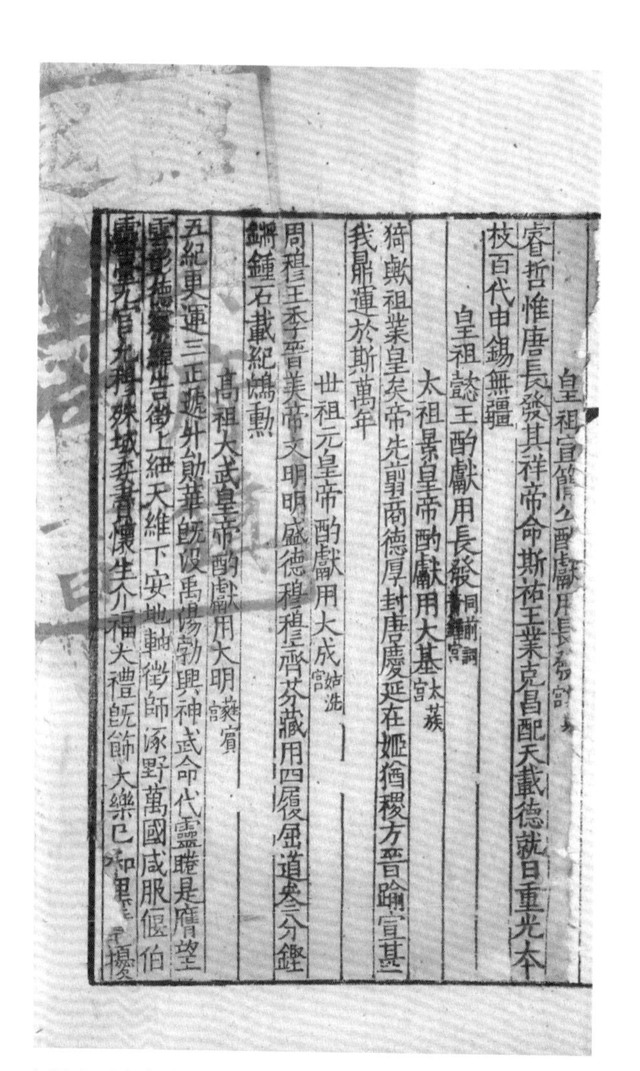
皇祖宣簡公酌獻用長發宮
睿哲惟唐長發其祥帝命斯祐王業克昌配天載德就日重光本
枝百代申錫無疆
皇祖懿王酌獻用長發同前詞黃鍾宮
太祖景皇帝酌獻用大基太簇宮
猗歟祖業皇矣帝先翦商德厚封唐慶延在姬猶稷方晉踰宣基
我鼎運於斯萬年
世祖元皇帝酌獻用大成姑洗宮
周稱王季晉美帝文明明盛德穆穆齊芬藏用四履屈道參分鏗
鏘鍾石載紀鴻勳
高祖大武皇帝酌獻用大明蕤賓宮
五紀更運三正遞升勛華既没禹湯勃興神武命代靈睠是膺望
雲彰德察緯告徵上紐天維下安地軸徵師涿野萬國咸服偃伯
靈臺九官允穆殊域委贄懷生介福大禮既飾大樂已和黑章擾

宋绍兴两浙东路茶盐司刻本《唐书》，中国国家图书馆藏

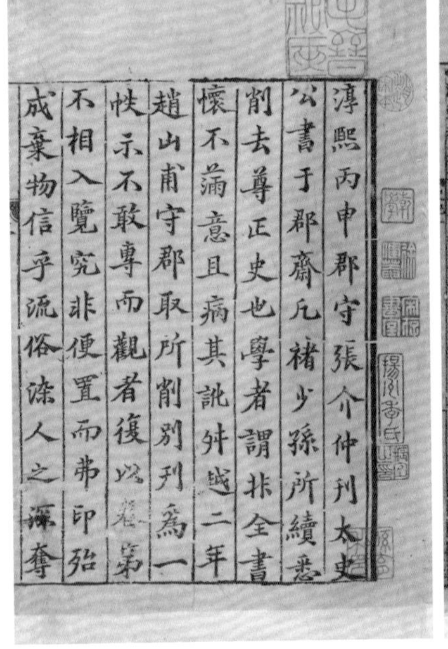
淳熙丙申郡守張介仲刊太史
公書于郡齋凡褚少孫所續悉
削去尊正史也學者謂非全書
懷不滿意且病其訛舛越二年
趙山甫守郡取所削別刊爲一
帙示不敢專而觀者復以卷第
不相入覽究非便置而弗印殆
成棄物信乎流俗誅人之深奪

宋淳熙三年张杅桐川郡斋刻八年耿秉重修本《史记》，中国国家图书馆藏

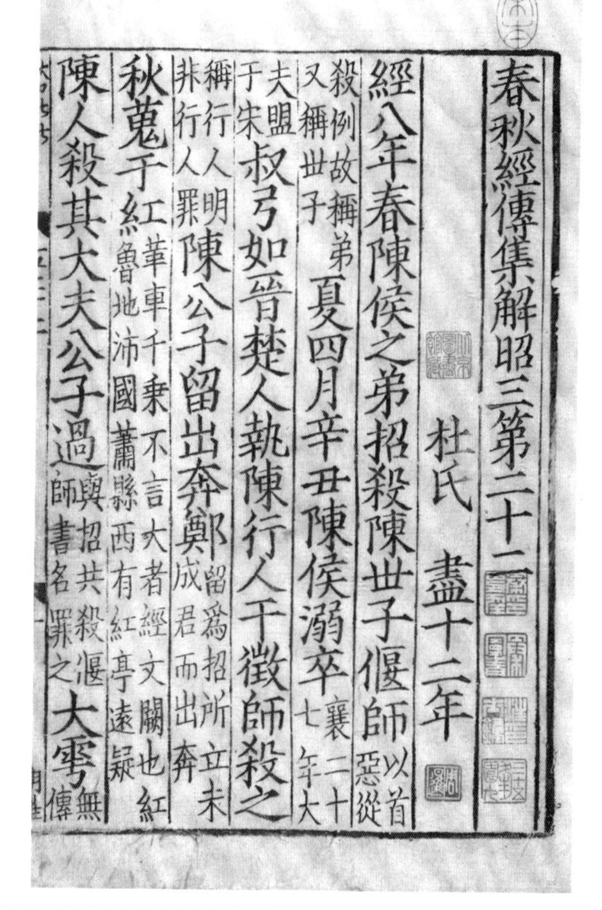
春秋經傳集解昭三第二十二

杜氏　盡十二年

經八年春陳侯之弟招殺陳世子偃師以首惡從殺例故稱弟又稱世子夏四月辛丑陳侯溺卒襄二十七年大夫盟于宋叔弓如晉楚人執陳行人干徵師殺之稱行人明非行人罪陳公子留出奔鄭留爲招所立未成君而出奔秋蒐于紅革車千乘不言大者經文闕也紅魯地沛國蕭縣西有紅亭遠疑陳人殺其大夫公子過與招共殺偃師書名罪之大雩無傳

宋嘉定九年兴国军学刻本《春秋经传集解》，中国国家图书馆藏

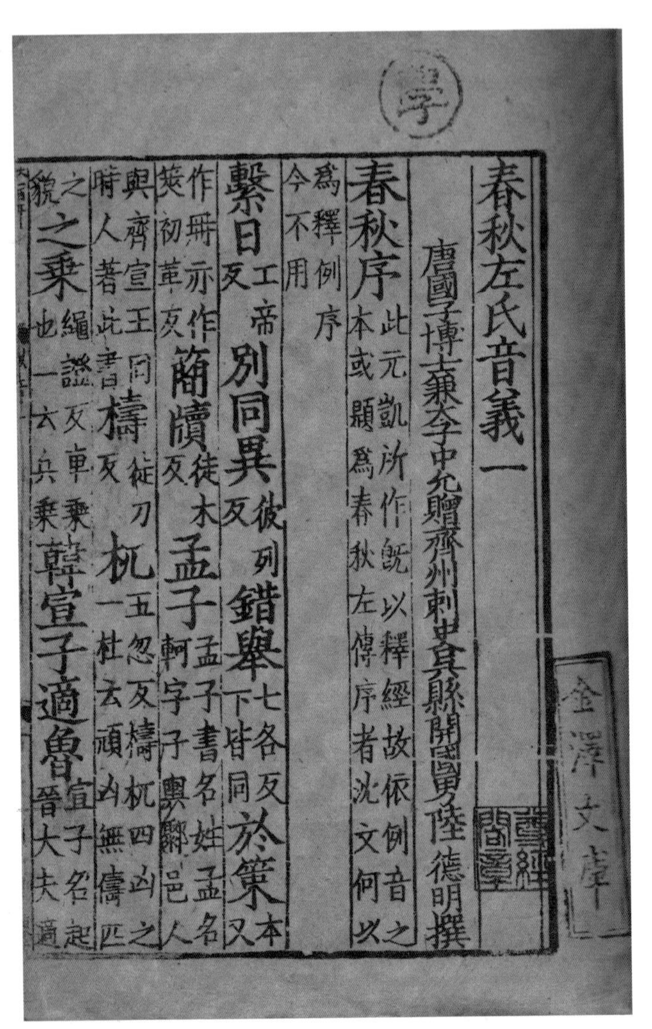
春秋左氏音義一

唐國子博士兼太子中允贈齊州刺史吳縣開國男陸德明撰

春秋序 此元凱所作既以釋經故依例音之本或題爲春秋左傳序者沈文何以爲釋例序今不用

繫日 工帝反 別同異 彼列反 錯舉 七各反下皆同 於策 本又作冊亦作筴初革反 簡牘 徒木反 孟子 孟子書名姓孟名軻字子輿鄹邑人與齊宣王同時人著此書 擣 徒刀反 杌 五忽反擣杌四凶之一杜云頑凶無儔匹之貌 之乘 繩證反車乘也一云兵乘 韓宣子適魯 宣子名起晉大夫適

宋嘉定九年兴国军学刻本《春秋左氏音义》，日本古典保存会影印尊经阁文库

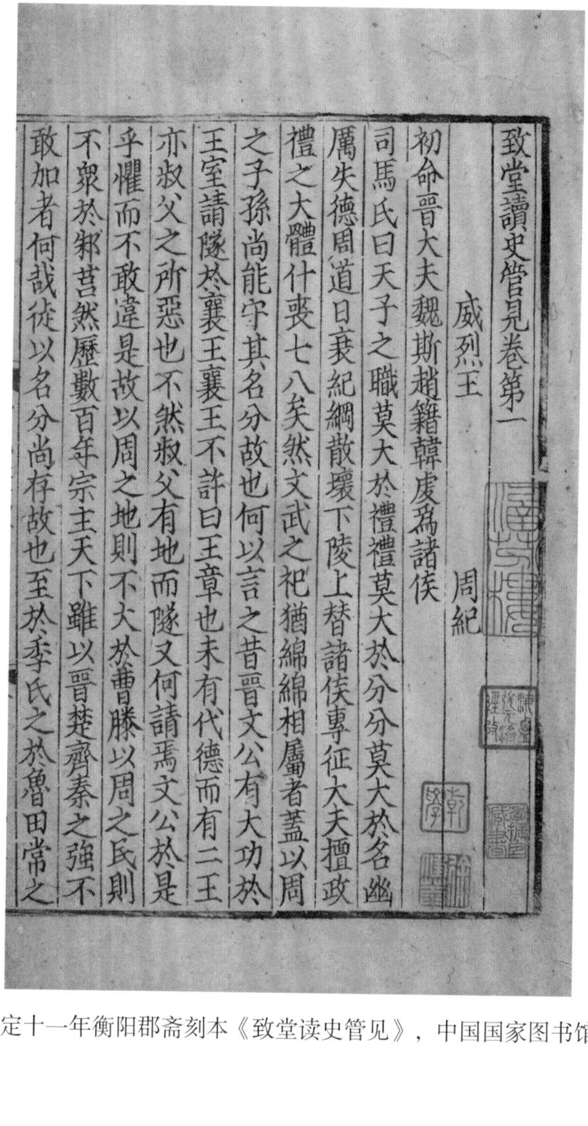

致堂讀史管見卷第一

威烈王　周紀

初命晉大夫魏斯趙籍韓虔爲諸侯

司馬氏曰天子之職莫大於禮禮莫大於分分莫大於名幽厲失德周道日衰紀綱散壞下陵上替諸侯專征大夫擅政禮之大體什喪七八矣然文武之祀猶綿綿相屬者蓋以周之子孫尚能守其名分故也何以言之昔晉文公有大功於王室請隧於襄王襄王不許曰王章也未有代德而有二王亦叔父之所惡也不然叔父有地而隧又何請焉文公於是乎懼而不敢違是故以周之地則不大於曹滕以周之民則不衆於邾莒然歷數百年宗主天下雖以晉楚齊秦之強不敢加者何哉徒以名分尚存故也至於季氏之於魯田常之

宋嘉定十一年衡阳郡斋刻本《致堂读史管见》，中国国家图书馆藏

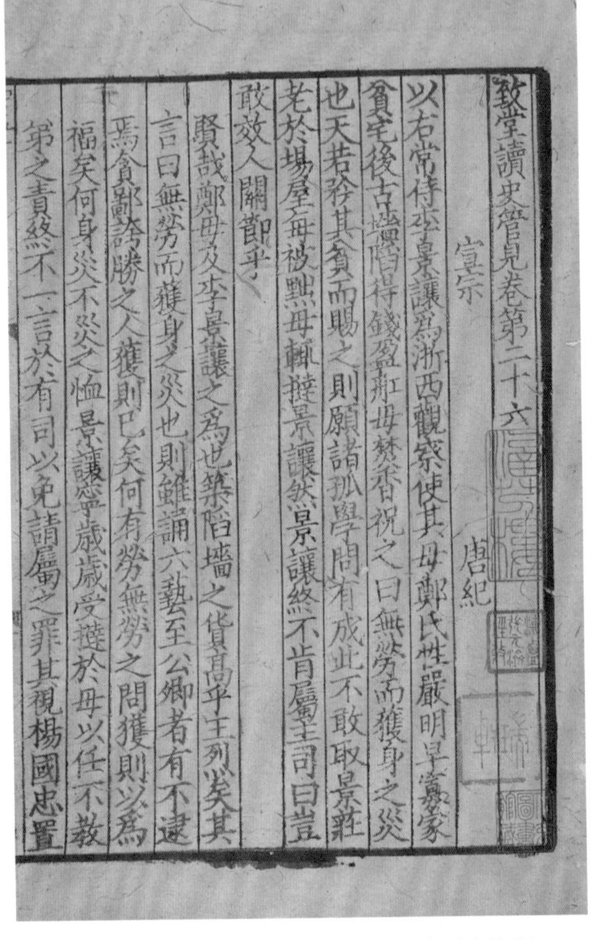

元刻本《致堂读史管见》，中国国家图书馆藏

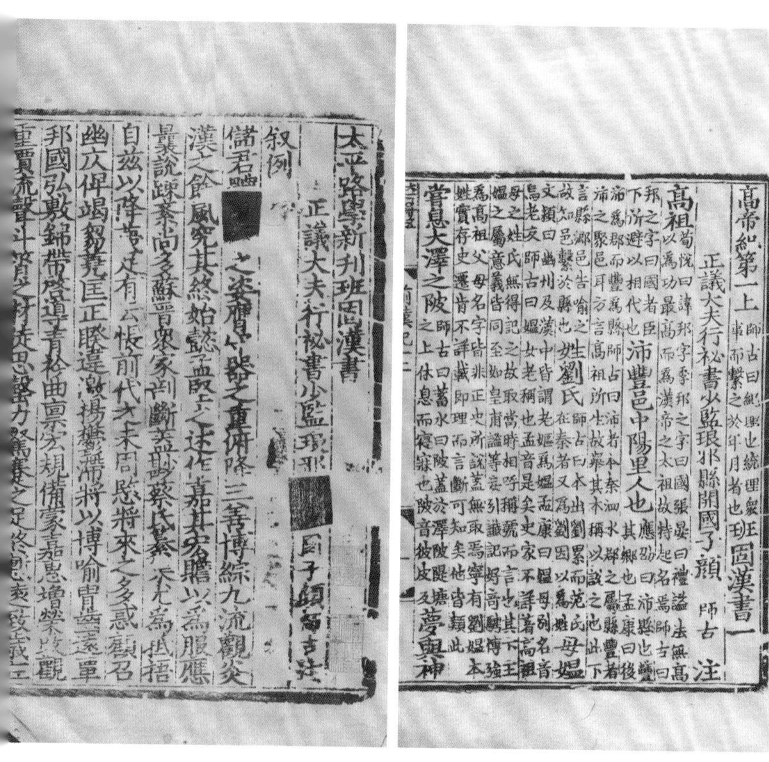

元大德九年太平路儒学刻明成化正德递修本《汉书》，中国国家图书馆藏

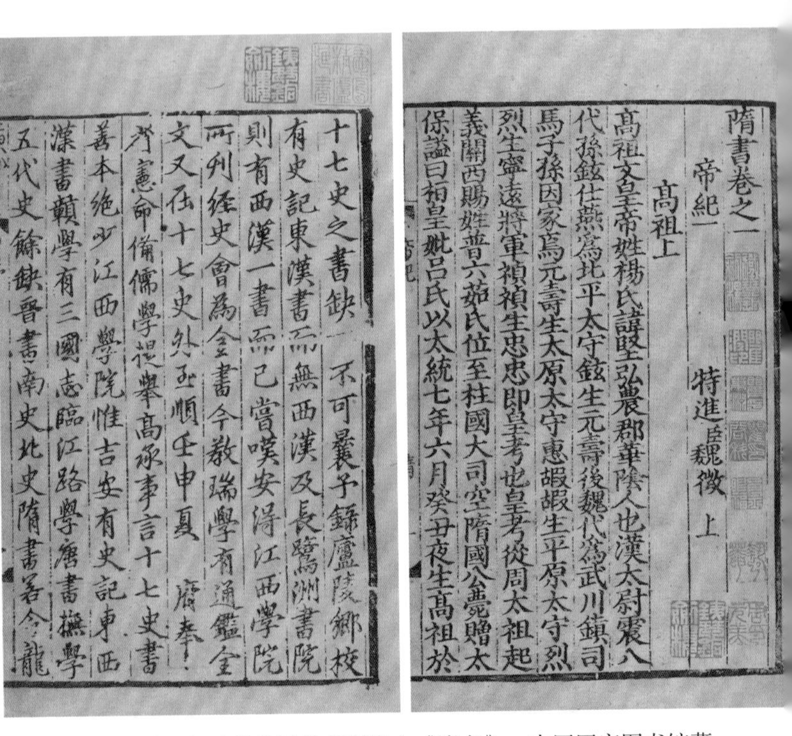

元至顺三年瑞州路儒学刻明修本《隋书》，中国国家图书馆藏

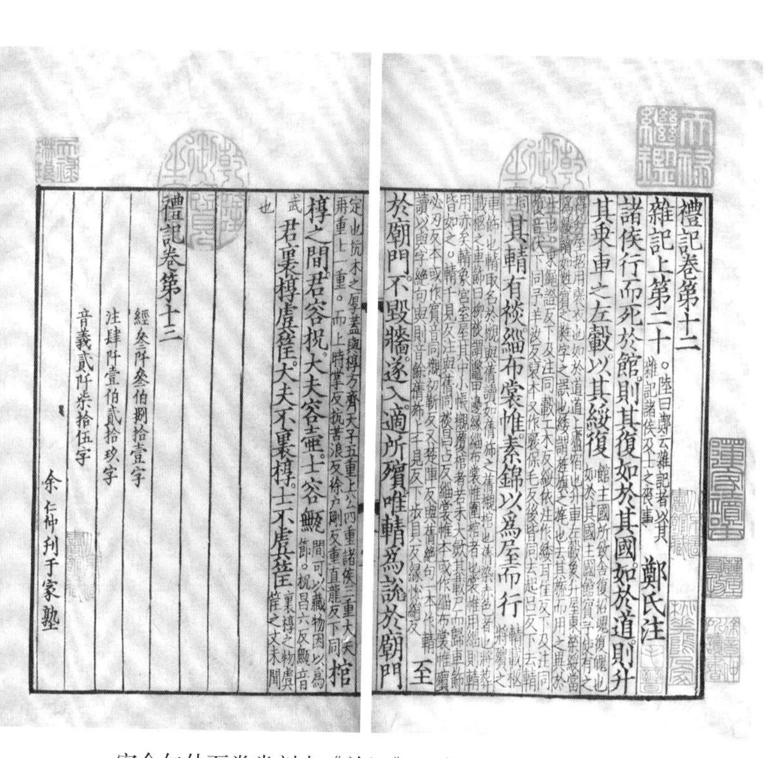

禮記卷第十二

雜記上第二十 ○陸曰鄭云雜記者以其記諸侯及士之喪事 鄭氏注

諸侯行而死於館，則其復如於其國；如於道，則升其乘車之左轂，以其綏復。館，主國所致舍。復，招魂復魄也。如於其國，主國館賓予使有之，得升屋招用褎衣也。如於道，道上廬宿也。升車左轂，象升屋東榮。綏當爲緌，讀如蕤賓之蕤，字之誤也。緌謂旌旗之旄也。去其旒而用之，異於生也。○乘，繩證反，下及注同。轂，工木反。緌，依注作緌，耳隹反，下及注同。復音伏，下同。予，羊汝反。褎，本又作褒，保毛反，後皆同。去，起呂反，下去輤同。

其輤有裧，緇布裳帷，素錦以爲屋而行。輤，載柩將殯之車飾也。輤取名於櫬與蒨，讀如蒨旆之蒨。櫬，棺也。蒨，染赤色者也。將葬，載柩之車飾曰柳。裧謂鼈甲邊緣。緇布裳帷，圍棺者也。裳帷用緇，則輤用赤矣。輤象宮室屋，其中小帳櫬覆棺者。若未大斂，其載尸而歸，車飾皆如之。○輤，千見反，注與蒨同。裧，昌占反。緇裳帷，本或作緇布裳帷。殯，必刃反，本或作賓，音同。櫬，初靳反，又楚陣反。與蒨絕句，一本作輤讀以與字絕句，與則音餘。蒨旆，上千見反，下步貝反。緣，悅絹反。

至於廟門，不毀牆，遂入適所殯，唯輤爲說於廟門

……定也。杬木之厚，蓋與椁方齊。天子五重，上公四重，諸侯三重，大夫再重，士一重。○而上，時掌反。杬，苦浪反，徐户剛反。重，直龍反，下同。

棺椁之間，君容柷，大夫容壺，士容甒。間可以藏物，因以爲節。○柷，昌六反。甒音武。

君裏椁虞筐，大夫不裏椁，士不虞筐。裏椁之物，虞筐之文，未聞也。

禮記卷第十三

經叁阡叁伯捌拾壹字

注肆阡壹伯貳拾玖字

音義貳阡柒拾伍字

余仁仲刊于家塾

宋余仁仲万卷堂刻本《礼记》，中国国家图书馆藏

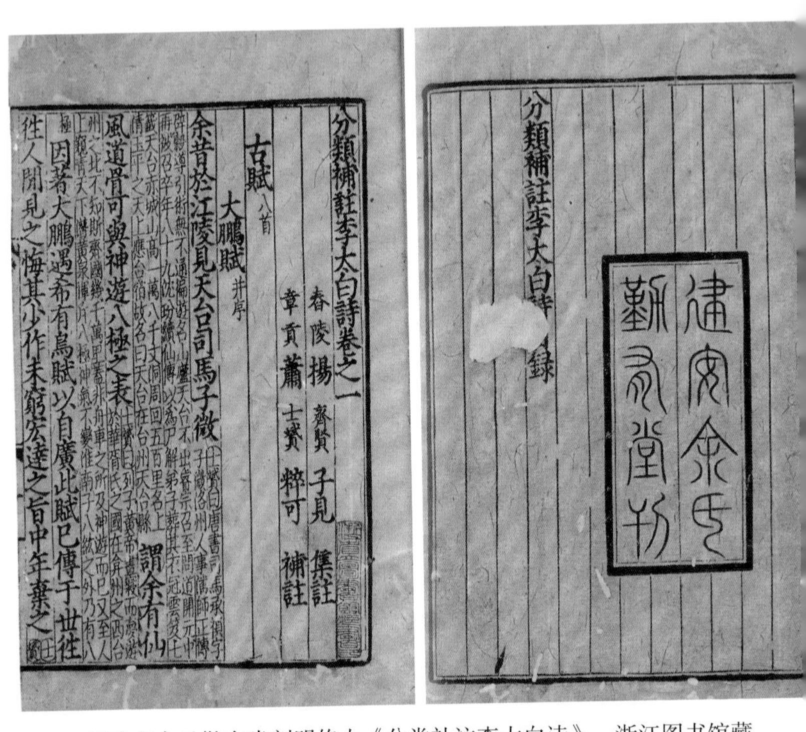
分類補註李太白詩卷之一

舂陵 楊齊賢 子見 集註

章貢 蕭士贇 粹可 補註

古賦 八首

大鵬賦 并序

余昔於江陵見天台司馬子微（士贇曰唐書司馬承禎字子微洛州人事潘師正傳辟穀導引術無不通遍游名山廬天台不出睿宗召至問道開元中再被召卒年八十九沈汾續仙傳以為尸解弟子葬其衣冠雲笈七籤天台赤城山高一萬八千丈周回五百里名上清玉平之天上應台宿故名曰天台在台州天台縣）謂余有仙風道骨可與神遊八極之表（士贇曰列子黃帝晝寢而夢遊於華胥氏之國在弇州之西台州之北不知斯齊國幾千萬里蓋非舟車之所及神遊而已又至人上窺青天下潛黃泉揮斥八極神氣不變淮南子八紘之外乃有八極）因著大鵬遇希有鳥賦以自廣此賦已傳于世往往人間見之悔其少作未窮宏達之旨中年棄之（士[illegible]

分類補註李太白詩目錄

建安余氏勤有堂刊

元建安余氏勤有堂刻明修本《分类补注李太白诗》，浙江图书馆藏

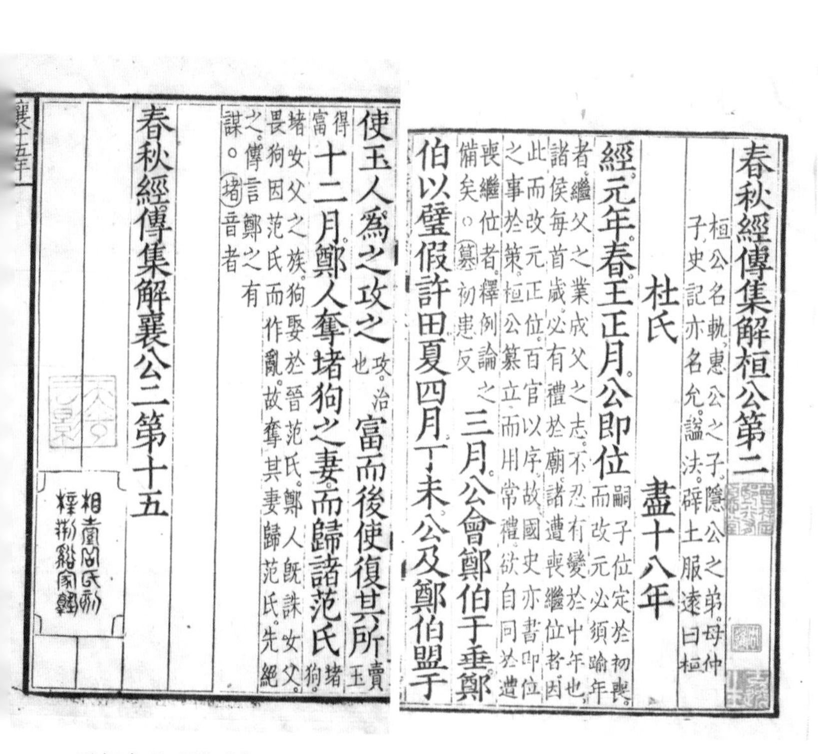
春秋經傳集解桓公第二

桓公名軌惠公之子隱公之弟母仲子史記亦名允謚法辟土服遠曰桓

杜氏　盡十八年

經元年春王正月公即位嗣子位定於初喪而改元必須踰年者繼父之業成父之志不忍有變於中年也諸侯每首歲必有禮於廟諸遭喪繼位者因此而改元正位百官以序故國史亦書即位之事於策桓公篡立而用常禮欲自同於遭喪繼位者釋例論之備矣○篡初患反　三月公會鄭伯于垂鄭伯以璧假許田夏四月丁未公及鄭伯盟于

使玉人爲之攻之攻治也富而後使復其所賣玉得富十二月鄭人奪堵狗之妻而歸諸范氏狗堵女父之族狗娶於晉范氏鄭人既誅女父畏狗因范氏而作亂故奪其妻歸范氏先絕之傳言鄭之有謀○堵音者

春秋經傳集解襄公二第十五

襄十五年

元相台岳氏荆溪家塾刻本《春秋经传集解》，中国国家图书馆藏

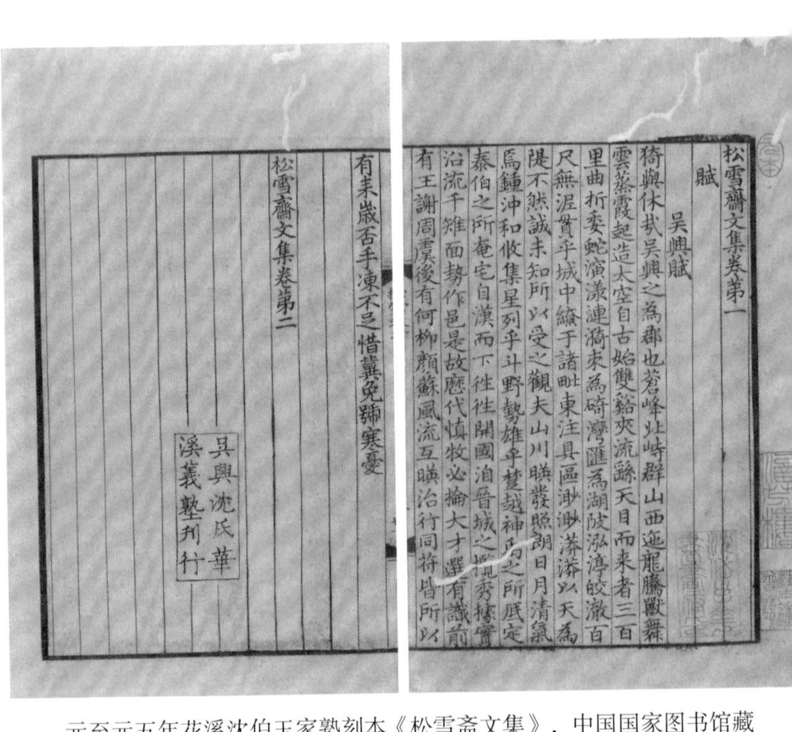

松雪齋文集卷第一

賦

吴興賦

猗歟休哉吴興之為郡也苕峰北峙羣山西迤龍騰獸舞
雲蒸霞起造太空自古始雙谿夾流繇天目而来者三百
里曲折委蛇演漾漣漪束為碕灣匯為湖陂泓渟皎澈百
尺無涅貫乎城中繚乎諸畦東注具區渺渺漭漭以天為
隄不然誠未知所以受之觀夫山川暎發照朗日月清氣
焉鍾沖和攸集星列乎斗野勢雄乎楚越神禹之所底定
泰伯之所奄宅自漢而下往往開國洎晉城之攬秀據實
沿流千雉面勢作邑是故歷代慎牧必掄大才選有識前
有王謝周虞後有何柳顏蘇風流互暎治行同符皆所以

有耒歲否手凍不足惜冀免號寒憂

松雪齋文集卷第二

吴興沈氏華
溪義塾刊行

元至元五年花溪沈伯玉家塾刻本《松雪斋文集》，中国国家图书馆藏

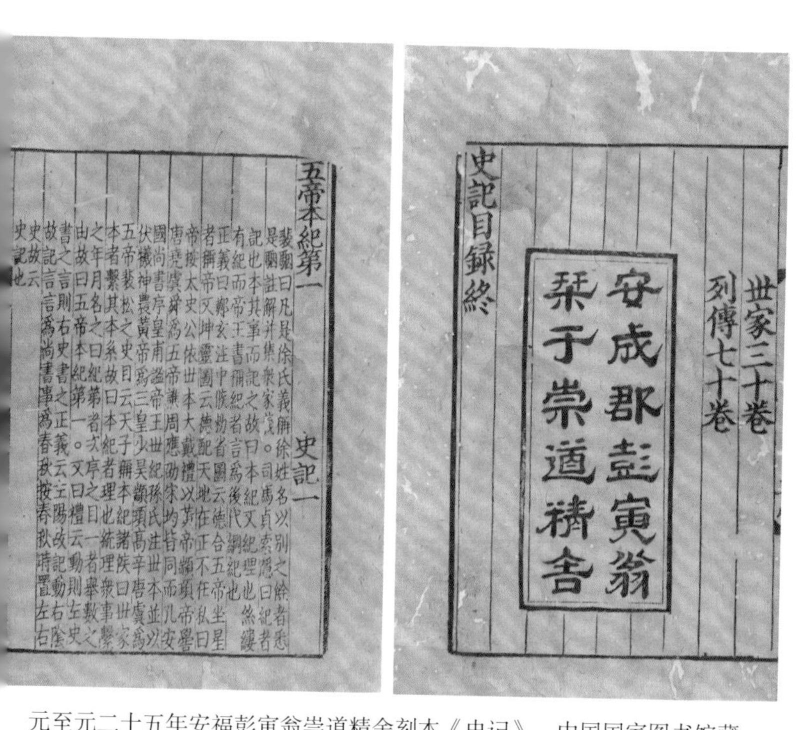
世家三十卷
列傳七十卷
安成郡彭寅翁
梓于崇道精舍
史記目録終

五帝本紀第一　　史記一
裴駰曰凡是徐氏義稱徐姓名以別之餘者悉
是駰註解并集衆家義。司馬貞索隱曰紀者
記也本其事而記之故曰本紀又紀理也絲縷
有紀而帝王書稱紀者言爲後代綱紀也
正義曰鄭玄注中候勑省圖云德合五帝坐星
者稱帝又坤靈圖云德配天地在正不在私曰
帝按太史公依世本大戴禮以黄帝顓頊帝嚳
唐堯虞舜爲五帝譙周應劭宋均皆同而孔安
國尚書序皇甫謐帝王世紀孫氏注世本並以
伏犧神農黄帝爲三皇少昊顓頊高辛唐虞爲
五帝裴松之史目云天子稱本紀諸侯曰世家
本者繫其本系故曰本紀者理也統理衆事繫
之年月名之曰紀第者次序之目一者舉數之
由故曰五帝本紀第一。又曰禮云動則左史
書之言則右史書之正義云左陽故記動右陰
故記言言爲尚書事爲春秋按春秋時置左右
史故云
史記也

元至元二十五年安福彭寅翁崇道精舍刻本《史记》，中国国家图书馆藏

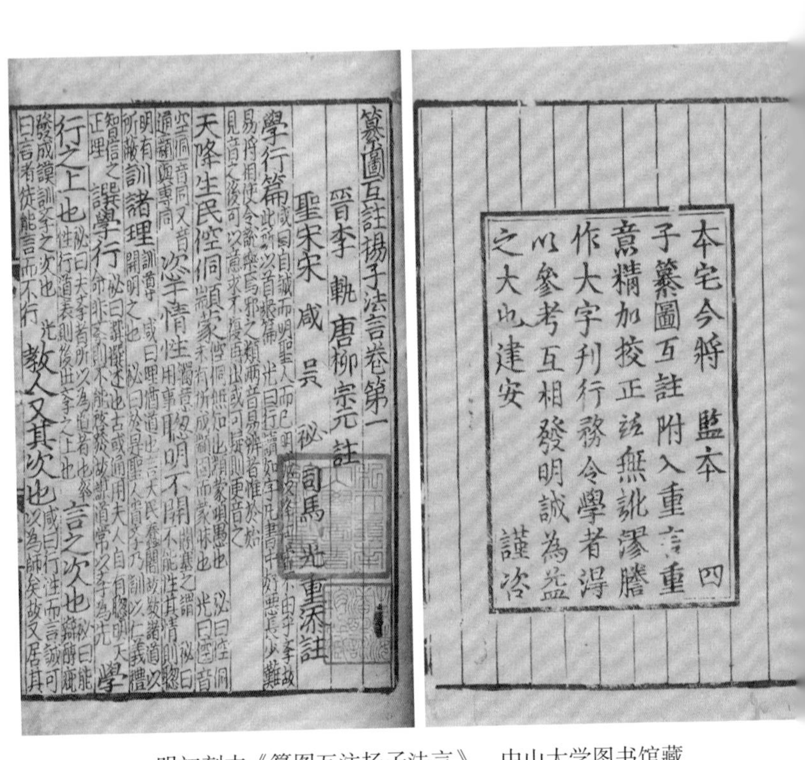
本宅今將監本四子纂圖互註附入重言重意精加校正茲無訛謬謄作大字刋行務令學者得以參考互相發明誠為益之大也建安 謹咨

纂圖互註揚子法言卷第一

晉李 軌 唐柳宗元註

聖宋宋 咸 吳 祕 司馬光重添註

學行篇

天降生民倥侗顓蒙恣乎情性聰明不開訓諸理譔學行

行之上也言之次也教人又其次也

明初刻本《纂图互注扬子法言》，中山大学图书馆藏

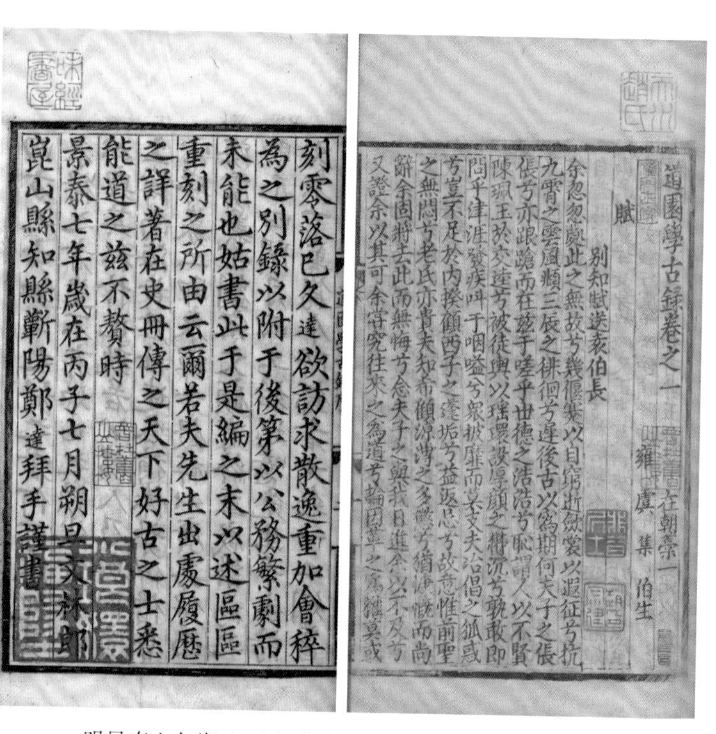
刻零落已久達欲訪求散逸重加會粹
為之別錄以附于後第以公務繁劇而
未能也姑書此于是編之末以述區區
重刻之所由云爾若夫先生出處履歷
之詳著在史冊傳之天下好古之士悉
能道之茲不贅
景泰七年歲在丙子七月朔旦文林郎
崑山縣知縣鄱陽鄭達拜手謹書

道園學古錄卷之一　在朝稿一
雍　虞　集　伯生
賦
別知賦送袁伯長
余忽忽處此之無故兮幾偃蹇以自窮逝斂裳以遐征兮抗
九霄之雲風籲三辰之徘徊兮違後古以爲期何夫子之張
張兮亦跟蹌而在茲于嗟乎世德之浩浩兮恥謂人以不賢
陳珮玉於交達兮被徒輿以瑤環設厚顏之樹沉兮孰敢即
問乎津涯發疾呼于咽嗌兮衆披靡而莫支夫治倡之狐惑
兮豈不足於內揆顧西子之蒙垢兮益返忠兮故意惟前聖
之無悶兮老氏亦貴夫知希顧涼薄之多徵兮猶海慨而尚
辭余固將去此而無悔兮念夫子之與我日進余以不及兮
又證余以其可余嘗究往來之爲道兮輪囷草之窩繼莫或

明景泰七年郑达刊本《道园学古录》，天津图书馆藏

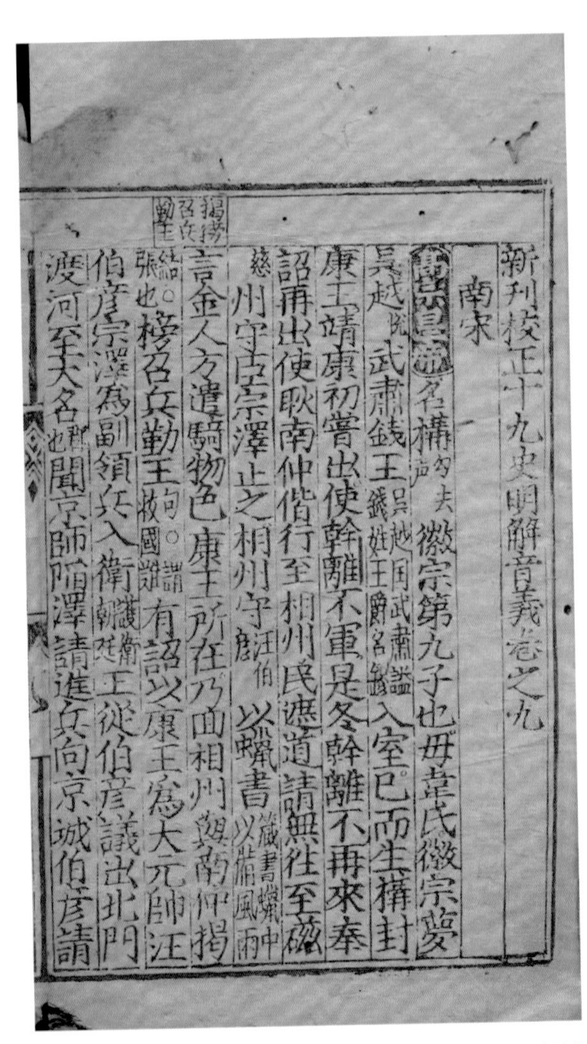
新刊校正十九史明解音義卷之九

南宋 一

高宗皇帝 名構 音夠去声 徽宗第九子也母韋氏徽宗夢吳越 吳越國武肅謚錢姓王爵名鏐 武肅錢王 入室已而生構封康王靖康初嘗出使斡離不軍是冬斡離不再來奉詔再出使耿南仲偕行至相州民遮道請無往至磁州守臣宗澤止之相州守 汪伯彥 以蠟書 藏書蠟中以備風雨 言金人方遣騎物色康王所在乃回相州與南仲揭 揭榜 召兵勤王 結○張也 榜召兵勤王 救國難 向○謂 有詔以康王為大元帥汪伯彥宗澤為副領兵入衛 護衛朝廷 王從伯彥議出北門渡河至大名 郡也 聞京師陷澤請進兵向京城伯彥請

明成化熊氏中和堂刻《标题详注十九史音义明解》，天一阁博物院藏

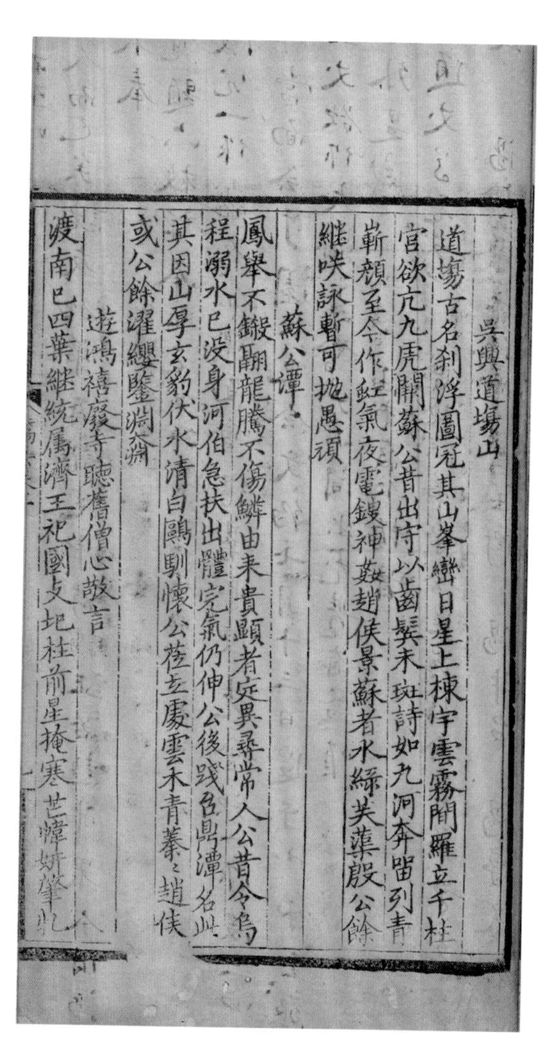

吴興道塲山

道塲古名刹浮圖冠其山峯巒日星上棟宇雲霧閒羅立千柱官欲亢九虎關蘇公昔出守以齒髮未斑詩如九河奔留列青嶄顏至今作虹氣夜電鏤神姦趙侯景蘇者水綠芙蕖殷公餘繼咲詠暫可拋愚頑

蘇公潭

鳳擧不鍛翮龍騰不傷鱗由來貴顯者定異尋常人公昔令烏程溺水已沒身河伯急扶出體完氣仍伸公後戕邑鼎潭名與其因山厚玄豹伏水清白鷗馴懷公莅立處雲木青蓁蓁趙侯或公餘濯纓鑒淵淪

遊鴻禧廢寺聽舊僧心敬言

渡南已四葉繼統屬濟王祀國支圯柱前星掩寒芒韡姤肇乳

明弘治九年张习刻书牍纸印本《侨吴集》，中国国家图书馆藏

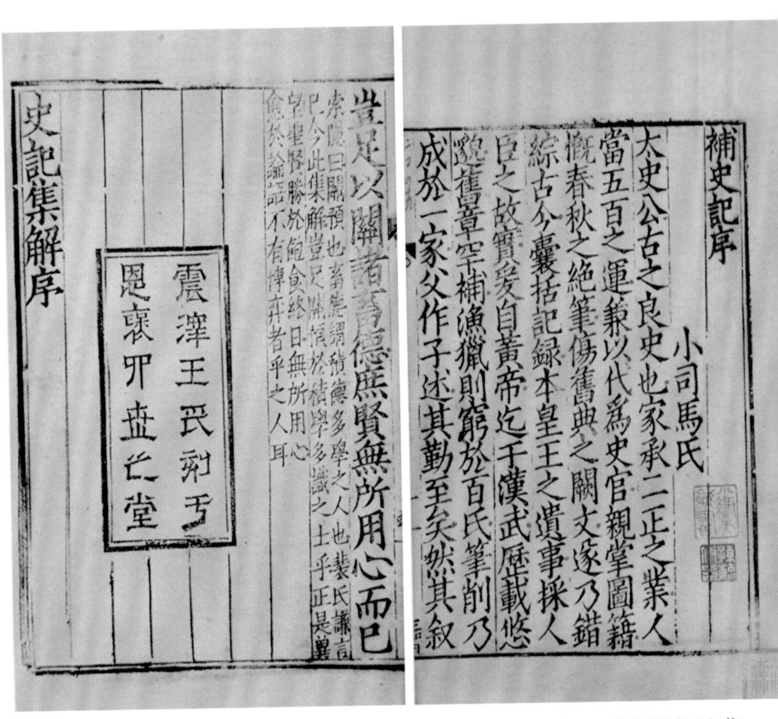

明嘉靖六年震泽王延喆恩褒四世之堂刻本《史记》，苏州博物馆藏

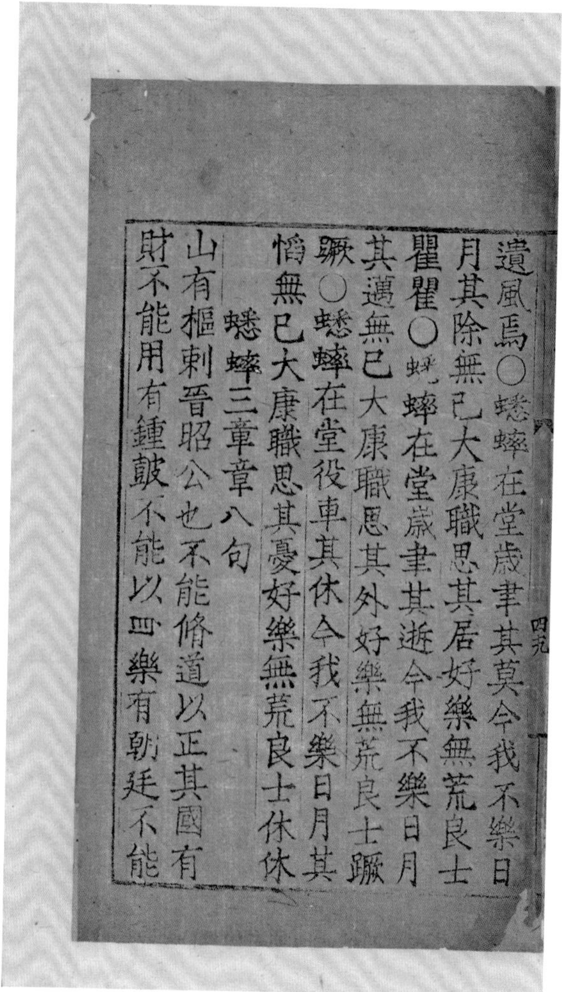

遺風焉○蟋蟀在堂歲聿其莫今我不樂日
月其除無已大康職思其居好樂無荒良士
瞿瞿○蟋蟀在堂歲聿其逝今我不樂日月
其邁無已大康職思其外好樂無荒良士蹶
蹶○蟋蟀在堂役車其休今我不樂日月其
慆無已大康職思其憂好樂無荒良士休休
蟋蟀三章章八句
山有樞刺晉昭公也不能脩道以正其國有
財不能用有鍾鼓不能以自樂有朝廷不能

四九

明活字印本《毛诗》，中国国家图书馆藏

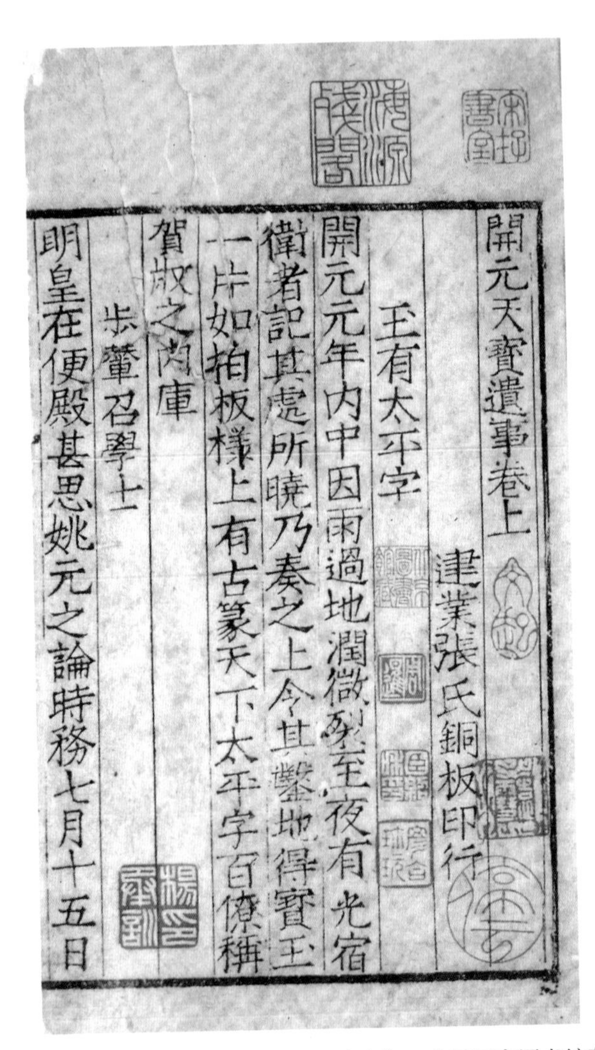

開元天寶遺事卷上

建業張氏銅板印行

王有太平字

開元元年內中因雨過地潤微裂至夜有光宿衛者記其處所曉乃奏之上令其鑿地得寶玉一片如柏板樣上有古篆天下太平字百僚稱賀收之內庫

步輦召學士

明皇在便殿甚思姚元之論時務七月十五日

明建业张氏活字印本《开元天宝遗事》，中国国家图书馆藏

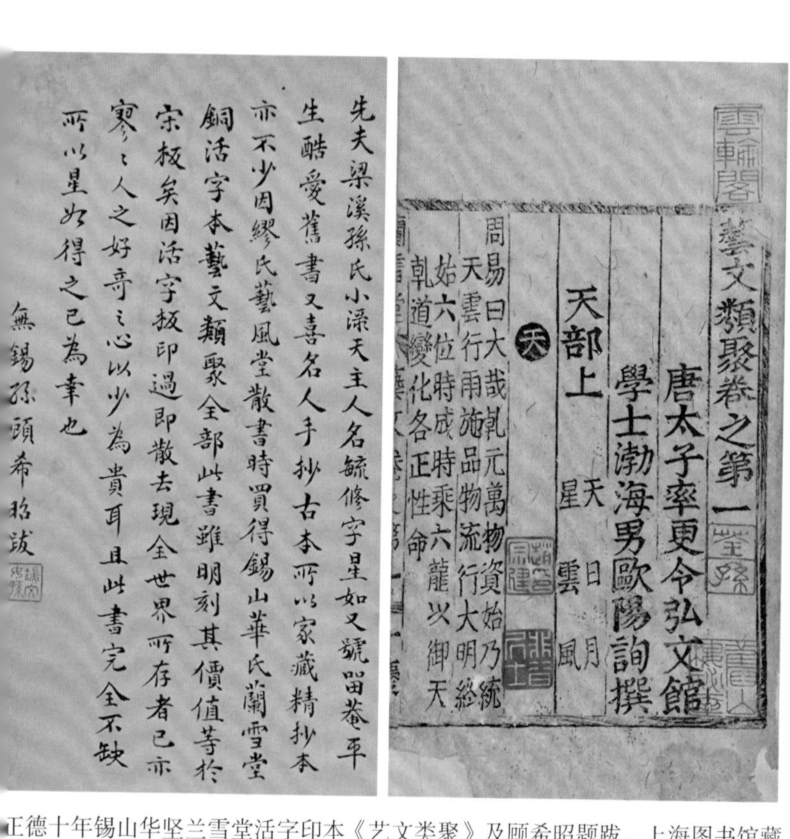

正德十年锡山华坚兰雪堂活字印本《艺文类聚》及顾希昭题跋，上海图书馆藏

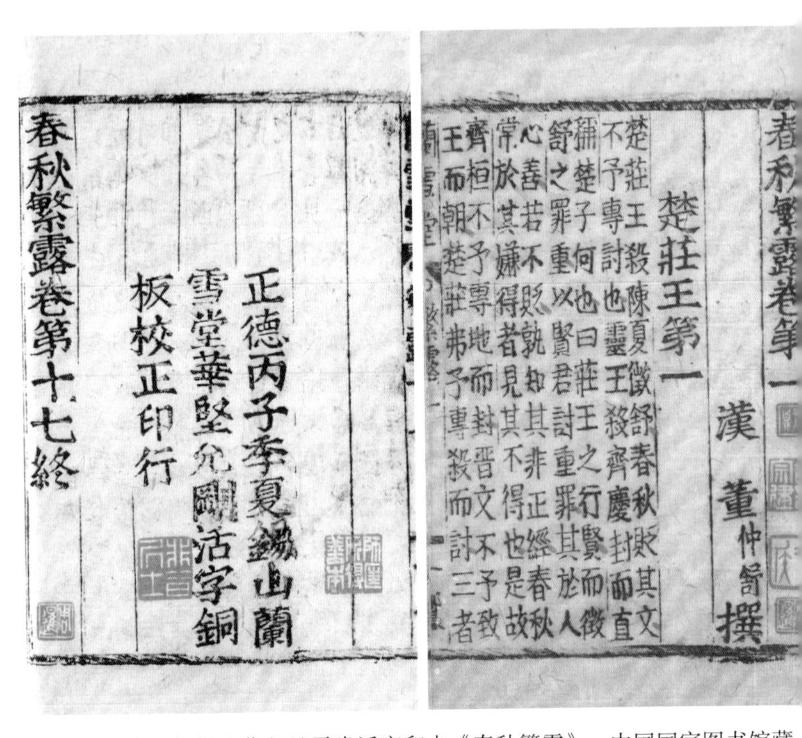

春秋繁露卷第一

漢　董仲舒撰

楚莊王第一

楚莊王殺陳夏徵舒春秋貶其文不予專討也靈王殺齊慶封而直稱楚子何也曰莊王之行賢而徵舒之罪重以賢君討重罪其於人心善若不貶孰知其非正經春秋常於其嫌得者見其不得也是故齊桓不予專地而封晉文不予致王而朝楚莊弗予專殺而討三者

春秋繁露卷第十七終

正德丙子季夏錫山蘭雪堂華堅允剛活字銅板校正印行

明正德十一年锡山华坚兰雪堂活字印本《春秋繁露》，中国国家图书馆藏

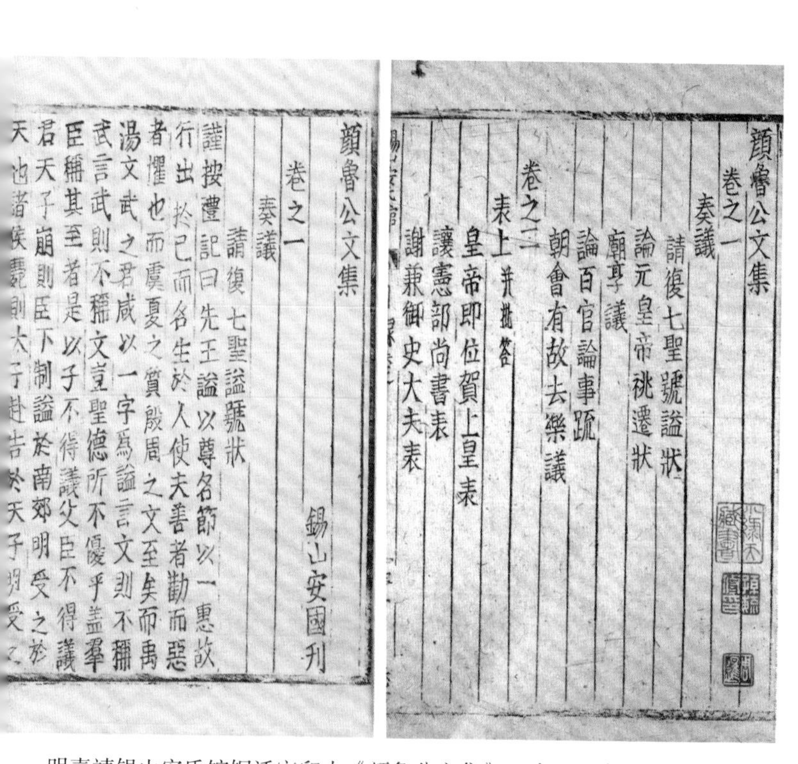
顏魯公文集
卷之一
奏議
請復七聖號謚狀
論元皇帝祧遷狀
廟享議
論百官論事疏
朝會有故去樂議
卷之二
表上 并批答
皇帝即位賀上皇表
讓憲部尚書表
謝兼御史大夫表

顏魯公文集
卷之一　　　　錫山安國刊
奏議
請復七聖謚號狀
謹按禮記曰先王謚以尊名節以一惠故
行出於己而名生於人使夫善者勸而惡
者懼也而虞夏之質殷周之文至矣而禹
湯文武之君咸以一字爲謚言文則不稱
武言武則不稱文豈聖德所不優乎蓋羣
臣稱其至者是以子不得議父臣不得議
君天子崩則臣下制謚於南郊明受之於
天也諸侯薨則太子赴告於天子明受之於

明嘉靖锡山安氏馆铜活字印本《颜鲁公文集》，中国国家图书馆藏

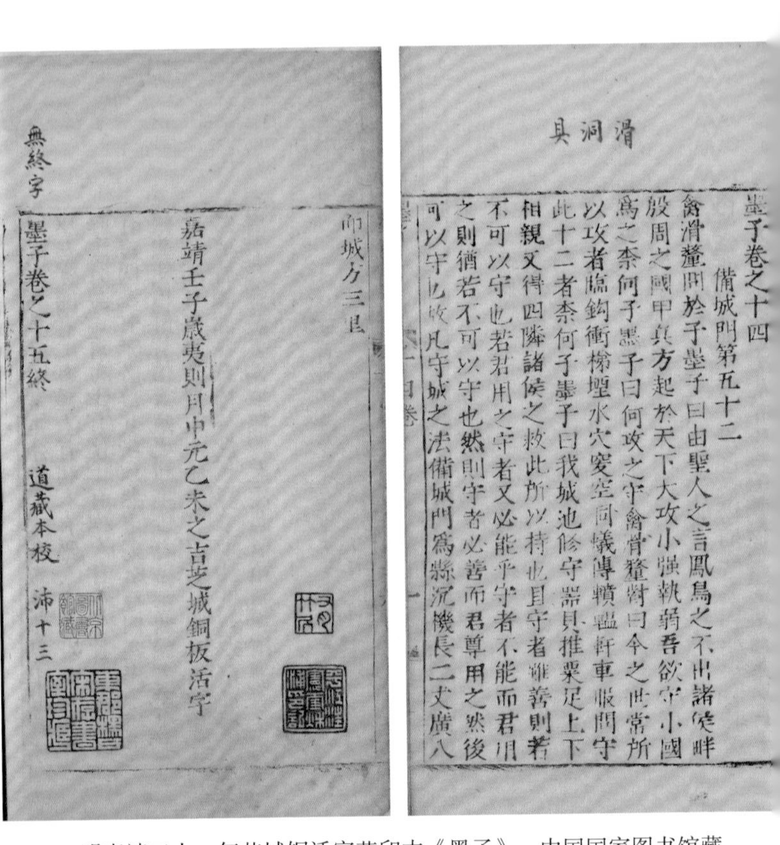

明嘉靖三十一年芝城铜活字蓝印本《墨子》，中国国家图书馆藏

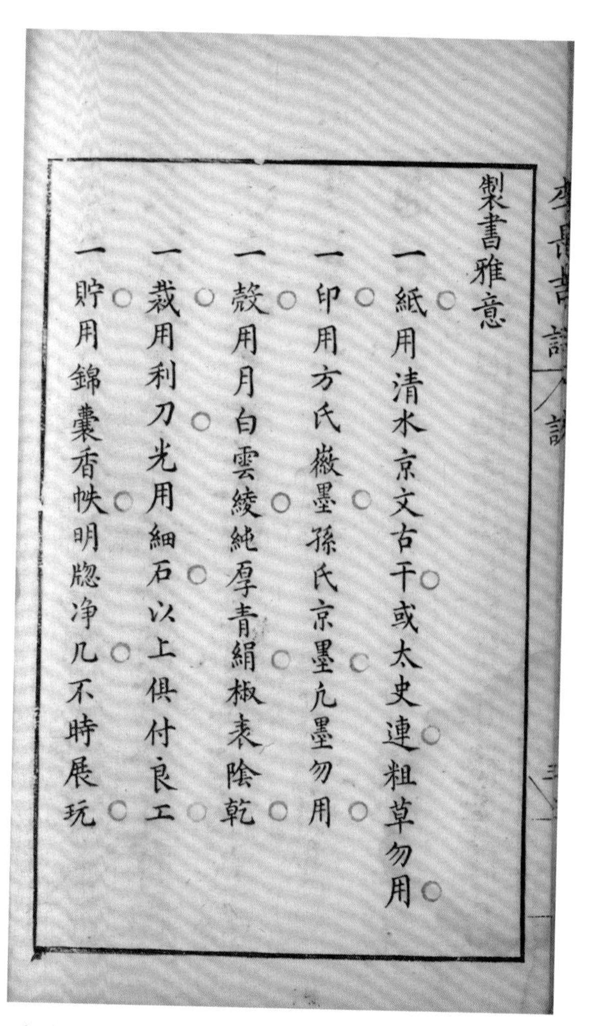

製書雅意

一○紙用清水京文古干○或太史連○粗草勿用○

一○印用方氏徽墨○孫氏京墨○凡墨勿用○

一○穀用月白雲綾○純厚青絹○椒表陰乾○

一○裁用利刀○光用細石○以上俱付良工○

一○貯用錦囊香帙○明牕净几○不時展玩○

明王家瑞刻本《唐李长吉诗集》卷首制书雅意，南京图书馆藏

明嘉靖四十一年茶梦斋姚咨抄本《续谈助》前衬叶，中国国家图书馆藏

介葛盧能辨牛語謂蠻語亦然

不謂真長玄度有此謬謨

二君故復有此破綻耶

書郎右軍司馬

王仲祖聞蠻語不解茲然曰若使介葛盧來朝故當不昧此語春秋傳曰介葛盧來朝魯聞牛鳴曰是生三犧皆用之矣其音云問之而信杜預注曰介東夷國葛盧其君名也

劉真長爲丹陽尹許玄度出都就劉宿續晉陽秋曰許詢字玄度高陽人魏中領軍允玄孫總角秀惠衆稱神童長而風情簡素司徒掾辟不就蚤卒牀帷新麗飲食豐甘許曰若保全此處殊勝東山劉曰卿若知吉凶由人吾安得不保此春秋傳曰

明万历间凌瀛初刊四色套印本《世说新语》，天津图书馆藏

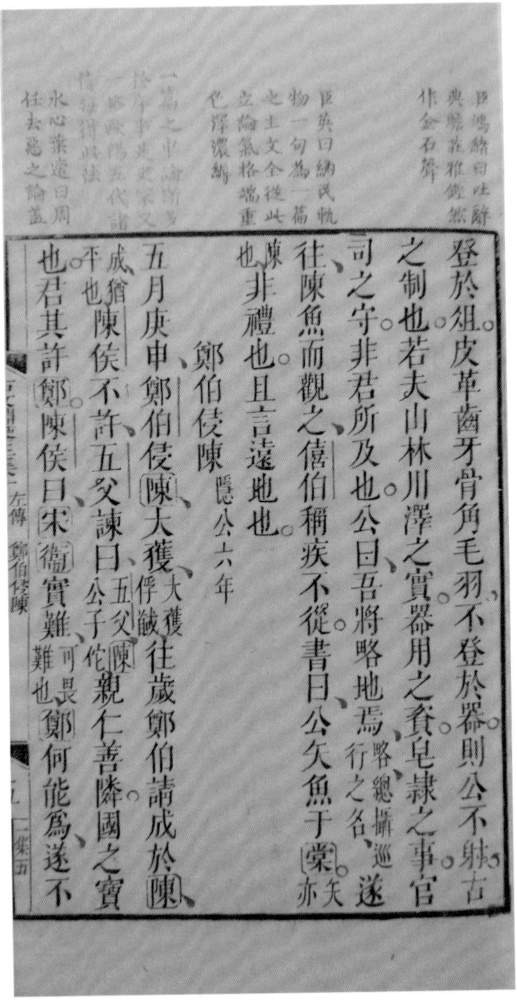

臣鴻緒曰吐辭典贍莊雅鏗然作金石聲

臣英曰納民軌物一句為一篇之主文全從此立論氣格端重色澤濃纖

一篇之中論斷多於序事是史家文一格歐陽五代諸論每用此法

水心葉適曰周任去惡之論蓋

登於俎。皮革齒牙骨角毛羽、不登於器。則公不射、古之制也。若夫山林川澤之實。器用之資。皂隸之事。官司之守。非君所及也。公曰、吾將略地焉。略總攝巡行之名遂往、陳魚而觀之、僖伯稱疾不從。書曰、公矢魚于棠。矢亦陳也非禮也。且言遠地也。

鄭伯侵陳 隱公六年

五月庚申、鄭伯侵陳、大獲。大獲俘馘往歲鄭伯請成於陳、成猶平也陳侯不許。五父諫曰、五父陳公子佗親仁善隣國之寶也。君其許鄭。陳侯曰、宋衛實難、難可畏也鄭何能為、遂不

清康熙间内府刻五色套印本《古文渊鉴》，宁波图书馆藏

目 录

中国雕版印书源流考(《图书汇报》本)

中国雕板源流考(商务印书馆本)

附　录

孙毓修《中国雕板源流考》述略

孙毓修(1871.08.15—1923.01.22),字星如,一字恂如,号留庵,室号小渌天(小绿天),江苏梁溪(今属无锡)人。清光绪三十三年(1907)进入上海商务印书馆编译所。在职期间,参与《涵芬楼秘笈》《四部丛刊初编》等影印丛书的编印工作。职务之馀,留心抄录版本目录学文献资料,辑入丛书《小渌天丛钞》(间有孙氏自著在内),并以此为基础纂成《藏书丛话》《书目考》《永乐大典辑本考》《中国雕板源流考》等著作。

《中国雕板源流考》是最早的版刻学史专门著作之一,就篇幅而言仅是戋戋小册,且以资料辑录为主,间下按断,故有些学者对其评价不高,如王绍曾先生认为:“留庵所著,有《中国雕板源流考》,其书疏琐无统,未能称是。”[1] 新中国成立后,叶德辉《书林清话》得以重印,治学者多推崇之。《中国雕板源流考》则长期未重印,自然鲜为学者注意。胡道静先生指出《中国雕板源流考》有两

---

①王绍曾:《小绿天善本书辑录》,《目录版本校勘学论集》,上海古籍出版社2005年版,第125页。

点为《书林清话》所未备,一是关于刻书的工料价值,《书林清话》仅举《至正金陵新志》关于刊刻此书工价的记载,《中国雕板源流考》则列举了四部宋版书的“纸数印造工墨钱”的记载;二是《中国雕板源流考》抄录了《开元杂报》的有关史料,认为其是唐人雕本的物证,此说在其生前身后皆引起争议,但后来为实物所证实,可见孙毓修的眼光敏锐[①]。此外,不同于以时序为经纬的传统论述方式(《书林清话》即其代表),《中国雕板源流考》以书籍刻印主体和版本类型为依归[②],实则自成体系,已具书籍史之视角,至今仍有参考价值。

一、《中国雕板源流考》之版本

孙毓修著《中国雕板源流考》初版于1918年5月,

---

①胡道静:《重印〈中国雕板源流考〉题跋》,《出版史料》1990年第4期,第104页。按《书林清话》所引刻书工价史料不限于元代(详见下文)。另,关于《开元杂报》之性质与印刷方式学界争议较多。方汉奇、李致忠采信无疑(方汉奇:《中国最早的印刷报纸》,见上海新四军历史研究会印刷印钞分会编:《雕版印刷源流》,印刷工业出版社1990年版,第330—331页;李致忠:《历代刻书考述》,巴蜀书社1990年版,第8页)。张秀民据《孙可之文集》及仿印本实物怀疑其未必为印本(张秀民著,韩琦增订:《中国印刷史》,浙江古籍出版社2006年版,第27—28页),黄永年则据仿印本文本内容论证其为伪作(黄永年:《古籍版本学》,江苏教育出版社2009年版,第42页),当是。

②乐怡:《孙毓修版本目录学著述研究》,复旦大学博士学位论文,2011年,第100—101页。

收入商务印书馆“文艺丛刻乙集”,署名留庵,内容凡十节:雕板之始、官本、家塾本、坊刻本、活字印书法、巾箱本、朱墨本、刻印书籍工价、纸、装订。此版为旧式标点,其辑录资料者以顶格排版,孙毓修按语低二格排版。

1930年4月,《中国雕板源流考》收入“国学小丛书”(万有文库本)出版,署名孙毓修,此版为新式标点并加专名线,文本内容与“文艺丛刻”本基本一致,唯将孙毓修按语顶格排版,而将辑录资料改为低二格排版,俨然视其为一本现代学术著作。1933年4月,商务印书馆印行《中国雕板源流考》“国难后第一版”,仍收入“国学小丛书”,版权页署称1918年5月初版,实为重印万有文库本。1964年10月,台湾商务印书馆重印“国学小丛书”,仍收入此本,称台一版。1974年7月,台湾商务印书馆又将此本收入“人人文库”再版。

1949年以后,《中国雕板源流考》在大陆久未再版。1990年,《出版史料》季刊当年第3、4期连载《中国雕板源流考》,胡道静为之题跋,此连载本未说明底本,从标点来看,当是据万有文库本重排,于辑录文献及孙毓修按语皆不区分格式排版。同年9月,印刷工业出版社刊行上海新四军历史研究会印刷印钞分会编《雕版印刷源流》(《中国印刷史料选辑》之一)收入此著,称系据“文艺丛刻”单行本1924年8月第四版重排,署名孙毓修,改题《中国雕版源流考》,对原书格式稍作调整,以宋体、楷体区分排版,然已颇失原貌。2008年2月,上海古籍出版社将《中国雕板源流考》与陈彬龢、查猛济《中国书史》合刊，从标点风貌来看，当是据“文艺丛刻”本重排，于文字略作订正，撰有简单的校勘记，并配有插图，然于辑录文献及孙毓修按语皆不区分格式排版，大失原本之貌。

除了正式出版的商务印书馆刊本，《中国雕板源流考》还有两个较早的版本：一是未完稿本，收入《小渌天丛钞》，今藏复旦大学图书馆古籍部；一是刊载于商务印书馆《图书汇报》的连载本。

复旦大学图书馆藏《小渌天丛钞》第28册书衣署《板本八考》，并以阿拉伯数字标出了此书撰述规划：“1. 雕镂，2. 款式，3. 纸墨，4. 坊肆，5. 工价，6. 板权，7. 装潢，8. 避讳。”卷端题名“雕板印书考卷一”，内容凡十三节，依次为：雕板之始、五代监本、宋监版本、宋监所刊名数、宋监刊书奏令、辽世版本、金元监雕译本、元兴文署版本、明南北监本、明印宋元版本、明经厂本、清初译本、清武英殿版本[①]。整体框架仍属以年代为先后的传统方式，论述对象大率为“监本”（详后文）。书中称清朝为“国朝”“本朝”，盖属稿于清季孙毓修初入商务印书馆时，又稿本已言及敦煌石室发现所谓“太平兴国五年翻雕大隋《永陀罗尼本经》”（盖引自罗振玉《敦煌石室书目及发见之原始》一文，原载于《东方杂志》1909年第10期），则稿本当撰于1909—1911年前后。卷末双行小注：“聚珍本、

①原有“唐人版本”一节，复删改并入“雕板之始”一节中。

套板本、巾箱本,别详下卷。”可见孙毓修虽已有根据书籍版本印刷类型分门别类的思想,但似仍最重雕版,而以他种印本为附庸。

《雕板印书考》内容与《中国雕板源流考》稍异,其行文亦未将引文资料与作者按断加以区分,而是随引随论,夹叙夹议。然其所述要点,实与《中国雕板源流考》大同小异,尤其是“雕板之始”一节,文字全同者近半,且撰稿本时,孙毓修已持中国雕版印刷“肇自隋时,行于唐世,扩于五代,精于宋人”的观点,并已经提出“雕板之事成于隋,实张本于汉”,且论述唐人雕板时已述及《开元杂报》,是前者为后者之初稿殆无疑义①。

与《中国雕板源流考》相比,《雕板印书考》亦稍具长编之性质。如“雕板之始”一节,刊本径谓“世言书籍之有雕板,始自冯道,其实不然”云云,随后引陆深《河汾燕闲录》及罗振玉《敦煌石室书目》,论证雕板始于隋代。稿本则广引叶梦得《过庭录》《石林燕语》、江少虞《皇朝事实类苑》、罗愿《鹤林玉露》(引误,实为罗璧《识遗》)、王明清《挥麈馀话》、宋《国史·艺文志》、朱翌《猗觉寮杂记》等,梳理宋人论雕板源流的三种说法(冯道说、毋昭裔说、唐末说),而后又引隋费长房《历代三宝记》及陆深、罗振玉说论证雕板始于隋代。此后又云:“胡应麟谓隋世

①乐怡:《孙毓修版本目录学著述研究》,复旦大学博士学位论文,2011年,第99页。

既有雕本，唐文皇胡不扩其遗制，广刻诸书，复尽选五品以上子弟入弘文馆钞书？然宋初三馆藏书、本朝《四库全书》，亦皆写录，雕本既行，钞本亦何必尽废耶！”盖因此段文字与雕板源始无涉，是故孙毓修于《中国雕板源流考》中未再提及雕印、抄录并行不废的观点，但这一观点实具慧眼。

又如稿本于“宋监版本”后单设“宋监所刊名数”“宋监刊书奏令”两节，其中《宋监所刊名数》依据《玉海·艺文》，参考《麟台故事》《中兴馆阁录》《中兴馆阁续录》等，整理出宋代国子监刻书事二十九条。《中国雕板源流考》则但引《玉海·艺文》，举其荦荦大端者而已。至于“宋监刊书奏令”，孙氏似欲藉此窥测国子监刻书典制，或将用于“板本八考”之板权研究亦未可知。但此节与雕板源流无直接关系，故《中国雕板源流考》未录奏令。

在稿本和刊本之间，还有一个连载本，题作《中国雕版印书源流考》（唯此本作“雕版”不作“雕板”），连载于商务印书馆《图书汇报》第19、21、27、30（以上1913年）、35（1914年）、52（1915年）、58（1916年）、66、70（以上1917年）、77①、80（1918年）期。其内容分为十三节：金石刻、雕版、监本、官本书塾本、坊刻本、活字印书法、巾箱本、朱墨本、刻印书籍工价、纸、墨、煤、装订。连

①虽经多方寻访，迄今未见此期，本次整理只好付诸阙如。

载本亦为旧式标点，其辑录资料者以顶格排版，按语低二格排版，与"文艺丛刻"本同。

连载本前有小序，将《中国雕版印书源流考》的全文论述分为六端：一曰时（历时久），二曰地（刻书地点与刻书主体），三曰式（雕版以外尚有活字、套版等版本类型），四曰价（人工、物料等价格），五曰纸墨，六曰装潢。小序并略加数语，交代撰述缘起，谓雕版印书"此诚古人之伟业，抑亦国史之荣光。而纪载寂寥，专书未辑。徘徊艺圃，良用歉然。辑述此篇，备厥掌故"云云，序末又谓"盖将以扬国辉而觇进步，其诸大雅所乐闻者欤"。不论是稿本《雕板印书考》或是刊本《中国雕板源流考》，孙毓修都持有"我国雕板，托始于隋，而实张本于汉"的观点，而在连载本中，孙毓修更是将此观点推进一步，将"金石刻"作为独立章节，而"金石刻"又从初民时代论起，且言称中国以文字著书当始于《尚书》，而《尚书》之成书早于西历纪元二千五百年云云；又"活字印书法"一节，连载本谓："活字印书法，西人谓之 Movable Type，其法传自中土。今日盛行铅字，制模浇字之法，悉用机器，迥非向时恃一手一足之力者，可与之争胜矣。"一是提出西方铅活字印刷之法来自中国的观点；二是指出中土亦用机器印刷，相较古时更有长足进步。民元以来，民族意识、爱国主义渐次觉醒，孙毓修殆亦有感于此，而于连载本中作如此语。然而铅活字印刷术是否传自中国，并无切实论据，此说未必成立[1],且今日中土亦用机器印刷云云,与雕版印刷大旨无涉。刊本但谓活字印书法创始于宋初,近年则用机器,非以往手工操作可同日而语,不言中西印刷之对比,持论相对谨慎客观。

此外,连载本将"监本"与"官本"分离,而将"官本"与"书塾本"列为同一章节。其"监本"一节云:"监中墨简,始于长兴,历朝皆仿其故事。宋朝称监,金称弘文院,辽称秘书监,元称编修所、秘(堂)〔書〕监、兴文署,明称南北监、经厂,清称武英殿、古香斋,其为御府所刻,则一也。"此盖承接《雕板印书考》而来。而"官本书塾本"一节云:"雕版初兴,坊肆未盛。宋元以来,坊肆盛矣。而贾人本射利之心,贻豕亥之误。是不得不官中雕刻,以扶斯文于不敝。故他种营业,鲜闻官与商并立者,有之独印书业也。书塾本亦同此意,故并著之。北宋官刊,莫不字画清朗,体兼颜欧,非麻沙坊本所能及云。"细审此二节,殆孙氏之论监本,欲考其刻书典制;论官本,欲标其精校精刊。然则官司刻书,亦多为秘监颁行,故虽各有侧重,而强分监本、官本两造,终为不宜。刊本《中国雕板源流考》

---

[1] 一般认为中国的造纸术无疑对欧洲印刷术的产生有推动作用,但是迄无证据表明中国的胶泥活字、木活字乃至金属活字对欧洲的活字印刷有任何直接影响。参见〔美〕卡特:《中国印刷术的发明和它的西传》,吴泽炎译,商务印书馆1957年版,第203—206页;〔法〕费夫贺(吕西安·费弗尔)、〔法〕马尔坦:《印刷书的诞生》,李鸿志译,广西师范大学出版社2006年版,第48页。

即合监本、官本为“官本”一节，篇幅几占全书之半；“家塾本”一节则仅有寥寥数条而已。

又有“墨”“煤”两节，所辑资料颇可观，且偏重实用技术，然此二节小序谓：“宋元人所撰《墨经》《墨史》诸书，皆主于文房所用，而不别言印书之墨，方知古时印书，即用文房之墨，非如近世之别造至劣之墨皮墨胶，以供印书之用者也。”而其所辑史料，大抵偏重文房用墨，揆诸雕版印书实际，恐不甚切题，刊本《中国雕板源流考》不论墨煤，盖由于此。

连载本小序虽言“为之遐稽收藏之志，亲访珍闷之家，益以史书之文、杂家之记，条分缕析，述而不作”，然《中国雕版印书源流考》实为述作兼备，例如“雕版”一节言《开元杂报》，则不仅抒发私议，更是论证《开元杂报》为雕印之本，进而推出“则其时刻版印书之风，必已大盛”，并谓柳玭《家训序》言坊中雕本仅有字书是“未免所见之不广也”；至刊本中《雕板之始》一节，此等推测及断语皆为删略。又如“活字印书法”，连载本论及兰雪堂华氏、桂坡馆安氏，谓“明世吾乡铜活字本有二”，并谓华氏“有虞山毛氏之风”，“黄荛圃、张金吾诸人亟称道之”云云，至刊本则仅谓“明世无锡铜活字本有二”，至于溢美华氏之辞，则尽数删略，并补充论述吴郡孙凤、五云溪馆、金兰馆、建业张氏诸家。诸如此类改动不一而足。

总之，刊本相比连载本，于同类史料则精简实例，于论述按断则删繁就简，同时增添相关史料，补写必要论述[①]。刊本《中国雕板源流考》基本落实了孙氏“条分缕悉,述而不作”的撰著大旨,但尽删私人评议,虽更显客观科学,亦觉不无可惜。

二、《中国雕板源流考》之价值

既名《中国雕板源流考》,读者对此书的关注,必在于雕版印刷的“源流”,且尤重其“源”,而未必重其“流”。《中国雕板源流考》的雕版印刷起于隋代之说确实有误,这一关键错误必然会导致后人对此书评价的降低。孙氏据明陆深《河汾燕闲录》载“隋文帝开皇十三年十二月八日,敕废像遗经,悉令雕撰[②],此印书之始”,又据罗振玉《敦煌石室书目及发见之原始》称有所谓“太平兴国五年翻雕”“大隋《永陀罗尼经》”,罗文所载实为“《大随永陀罗尼经》:上面左有‘施主李知顺’一行,右有‘王文沼雕板’一行,经末有‘太平兴国五年六月雕板毕手记’十三字”[③],并无“翻雕”字样。又“随”“隋”古字虽通,然所谓“大随永”者亦出于笔误,当作“大随求”,即随心所求之

①柳和城:《孙毓修评传》,上海人民出版社2011年版,第190—194页。柳著所举两版差异之例颇详备,本文不具引。

②稿本引作“雕撰”(清王士禛《居易录》引同),连载本引作“雕版”(明胡应麟《少室山房笔丛·经籍会通》、清王士禛《池北偶谈》引同),刊本则引作“雕造”(《钦定四库全书总目》子部《少室山房笔丛》提要引同)。

③罗振玉:《敦煌石室书目及发见之原始》,原载于《东方杂志》1909年第10期,第45页。

意[①],与隋朝固无涉。孙氏误读《河汾燕闲录》,对《敦煌石室书目》之利用亦有强行牵合己意之嫌,其所谓雕版印刷起源隋代说,自不可信。

雕版起源隋代说并非孙氏首倡,明胡应麟《少室山房笔丛·经籍会通》大致采信陆深《河汾燕闲录》之说;清王士禛《池北偶谈》采陆深说,然《居易录》又以为非;赵翼《陔馀丛考》疑为非;四库馆臣辨其为非;阮葵生《茶馀客话》又以为是;日本岛田翰《雕版渊源考》则既以陆深说为是,又据《颜氏家训》《玉烛宝典》等书谓六朝已有"墨版"[②],更是大胆有馀而审细不足[③]。可见明清两代,此事已有诸家争讼而无定论。近人黄节《版籍考》谓:"镂板之兴,自隋开皇间敕废像遗经,悉令雕版,(夹注:据陆子渊《河汾燕闲录》。)此为印书之始。"[④]亦蹈袭前人之误,叶德辉《书林清话》卷一"书有刻板之始"驳正前人所引陆深说云:"然陆氏此语本隋费长房《三宝记》,其文本曰:'废像遗经,悉令雕撰。'意谓废像则重雕,遗经则重撰

①丁福保《佛学大辞典》"随求陀罗尼"条:"随求者,随众生之求愿而成就之意,由陀罗尼之效验而名之者。"上海书店出版社2015年版,第2693页。

②〔日〕岛田翰:《古文旧书考》,杜泽逊、王晓娟点校,上海古籍出版社2014年版,第153—154页。

③俞樾已驳其误,载岛田翰《访馀录·春在堂笔谈》,《古文旧书考》,上海古籍出版社2014年版,第424页。

④黄节:《版籍考》(续四十七期),《国粹学报》1909年总第49期,美术篇第1a页。

耳。”[1] 其说可信；其后向达先生撰《唐代刊书考》一文，辨正更详，至今学者引为确论。

然则瑕不掩瑜，孙著自有其优长，尤其相较于发表稍前之黄节《版籍考》与撰写约略同时而刊行稍晚的叶德辉《书林清话》，《中国雕板源流考》固有其自身特色与价值。

黄节《版籍考》，分两期刊登于《国粹学报》第 47 期（1908 年 11 月，光绪三十四年十月）、第 49 期（1909 年 1 月，光绪三十四年十二月），此文将版籍源流分为三期：刊石、镂板、活板（活字）[2]。上期专论刊石，即讨论各朝石经镌刻及其补刻、传拓，虽然石经传拓是文本可复制技术的体现，但黄节的论述重点始终在于正定经文，推崇贞石之存古，鄙薄版印之多误，并不重视刊石与雕版在技术上的联系，所用“版籍”概念也相对含混。相较而言，孙毓修虽主张“我国雕板，托始于隋，而实张本于汉”，但其所重在石刻文献可复制（传拓），“一时车马阗溢，摹拓而归。则有行诸天下、公诸同好之意，于雕板之事已近”，孙毓修虽在连载本中将《金石刻》单独划分作一节，但其引言则谓“金石刻本，似非本文所宜及。然实木刻之先导，不可废也，故首列之”，对版刻的概念已经有了较为清晰的界定。

---

①叶德辉：《书林清话》，李庆西标校，复旦大学出版社 2008 年版，第 22 页。

②黄节：《版籍考》（未完），《国粹学报》1908 年总第 47 期，美术篇第 1a 页。

《版籍考》下期大体专论镂板，虽然黄节对雕版源始的判断有误，但其广引诸家文献，梳理出自五代冯道始请刻监本至明代南北监刊刻经籍情形，征引史料不如《中国雕板源流考》详赡，然大致脉络已勾勒清晰，孙氏稿本《雕板印书考》篇章结构与《版籍考》下期基本一致，惟引证更丰富，盖写作时曾参考黄氏文。惟黄氏所论仍以正定经文为主，未讨论其馀刻书主体，亦未论及经部以外诸书，且谓："自隋越唐，仅镂字书、小学、《文选》诸书，而不及经典，亦以为经典者立于学官，传于博士，虑以镂板故至犯异同耳。"[1] 虽聊备一说，然终稍嫌迂腐。又黄氏引书多不加考究，如谓"后蜀毌丘俭贫贱时，尝借《文选》于人"云云，不注出处，且毌丘俭是前魏时人，如何得在后蜀？孙毓修稿本《雕板印书考》亦引此事，注出王明清《挥麈馀话》，明其为后蜀毋昭裔事，并加小注云："汲古阁刊本误作毌丘俭，《经义考》仍之。"又黄节鄙弃活字印刷，《版籍考》论活板仅寥寥数语，且谓历朝活板不兴，盖因"其时读书者犹知郑重一编"，而近世活板盛行，"自今已往，版籍之讹谬，吾不知其纪极也"[2]。孙毓修论活字印刷，引证颇为详备，且所引文献如元代王祯《造活字印书法》及清代金简《武英殿聚珍版程式》等皆颇称活字之善。同是生当机器

①黄节：《版籍考》（续四十七期），《国粹学报》1909 年总第 49 期，美术篇第 1a 页。

②黄节：《版籍考》（续四十七期），《国粹学报》1909 年总第 49 期，美术篇第 4b 页。

印书滥觞之世，黄节对新技术的态度显得颇为保守，孙毓修则较为开放，虽然孙著于历代活字印书不如雕版之兴盛未置一词，或系为推崇新技术，以“扬国辉而觇进步”，但孙氏并未因此非议雕版印刷，而仍视其为印刷之正宗。可见孙毓修对待活字印刷的态度，较黄节更为开通。

叶德辉《书林清话》成书于1912年初[①]，付梓于1919年后，与《中国雕板源流考》撰写和刊行年代大抵相近，盖各自成书而互不相谋。叶著“博考周稽，条分缕晰”，而为“考板本、话遗闻者所当争睹”[②]，其篇幅大小与论题深广自非一册《中国雕板源流考》所能及。但孙著“分量虽较叶德辉《书林清话》为小，然其中有好多资料为《清话》所未及，足见孙先生阅书之富”[③]。胡道静先生曾指出《中国雕板源流考》对宋代刻书工价的记载和对《开元杂报》的论述，即为《书林清话》所未详[④]。柳和城先生亦指出

---

①叶德辉《自序》末署“宣统辛亥岁除”，即1912年2月17日，时清帝已逊位。

②叶启崟：《书林清话跋》，见《书林清话》，复旦大学出版社2008年版，第254页。

③胡道静：《孙毓修的古籍出版工作和版本目录学著作》，《出版史料》1989年第3—4期。

④胡道静：《重印〈中国雕板源流考〉题跋》，《出版史料》1990年第4期。前文备引，此不赘。又按，戈公振对孙毓修《开元杂报》为唐人雕本说颇信，见戈公振：《中国报学史》，生活·读书·新知三联书店2011年版，第27—28页；至论邸报用活字之始，则全采孙毓修说，见《中国报学史》，生活·读书·新知三联书店2011年版，第32—33页。

《书林清话》于辽代刻书不置一词，于金代刻书亦仅及平水书坊刻本而已。《中国雕板源流考》据正史纪传考得辽代有官府藏书和设学颁经事，而推测其必有雕本，并引沈括《梦溪笔谈》载“契丹书禁甚严，传入中国者，法皆死”，为辽代版本鲜传于世提供了初步解释；至于金代刻书，《中国雕板源流考》据正史及目录考得“立经籍所于平阳刊行经籍”之平阳即平水，并且指出平水为金元两朝官民雕板之所，官私刻书皆颇发达[①]。此外，《书林清话》对书籍之纸墨装订虽有讨论，然其论纸墨多取材于藏家书录和笔记，不脱赏鉴家习气，论装订则皆讨论书册制度。《中国雕板源流考》讨论纸墨则重视其工艺，援引文献亦不限于书录笔记，而且广采历代各地方志，辑出不同产地的造纸材料与制造工序；至于装订，则所辑材料多来自藏家书录，但是并不上溯早期书册制度，而是仅讨论册子本形成以来的具体装帧形制，较《书林清话》探讨更为具体深入[②]。

除了采辑资料的多寡和侧重、成书的篇幅和架构以外，《中国雕板源流考》和《书林清话》的差异似更在于各自的问题意识不同，问题意识的不同自然会使一部著作具备其独有的学术价值，而不因其资料之寡、议论之少遂受磨灭。学者自胡道静先生以来，多谓《中国雕板源流考》引用工价资料较《书林清话》更为丰富，实则《中国雕

①柳和城：《孙毓修评传》，上海人民出版社 2011 年版，第 178 页。
②柳和城：《孙毓修评传》，上海人民出版社 2011 年版，第 180—181 页。

板源流考》所引四部宋版书(《大易粹言》《汉隽》《二俊文集》《小畜集》)的工价资料,皆见于《书林清话》卷六“宋监本许人自印并定价出售”一节,该节另有《嘉泰会稽志》、孔平仲《续世说》两部书之工价,就宋刻本工价资料而言,《书林清话》实较《中国雕板源流考》丰富;元时刻书工价,叶著基于《至正金陵新志》记载推算,未必为确,孙著引延祐重刻宝祐本《通鉴纪事本末》所载赎买藏板价格,不能准确反映工价;明代刻书工价,两书所引史料不同,惟皆得出明时刻书工价甚廉之结论。然而问题意识的不同,可以反映在对同一材料的引用截取上。叶德辉引用宋代刻书工价,是为了揭示“宋时刻印工价之廉,而士大夫便益学者之心,信非俗吏所能企及矣”[①],与孙毓修的以工价为本位不同,因此在引用象山县学刻本《汉隽》的工价资料时,孙毓修仅引其价格记载,叶德辉则另引出“善本锓木,储之县庠,且藉工墨盈馀,为养士之助”一句,盖有表章宋代文教之微意于其间;至于引述《大易粹言》之工价,叶德辉仅具其价格与用料,孙毓修则多引“杭州路教授李清孙校勘无差”一句,虽与工价并无直接关系,然而明确校勘责任所属,盖与其“板本八考”计划尤其是板权研究略有关联。明代刻书工价一节,两书皆以为甚廉,但孙毓修引用资料,仅谓明代刻书价廉,清代

---

①叶德辉:《书林清话》,李庆西标校,复旦大学出版社 2008 年版,第 127 页。

刻书工价相比明时已然翻倍；叶德辉同样得出清代工价已较明代倍增的结论，但他进一步指出明代刻书“价虽廉，而讹谬不可收拾矣”，仍以一书之版本价值为重，至于刻书工价之廉，恐怕更多地是叶氏批判明代刻本率多粗疏的论据。

黄节、叶德辉两著，前者有开创之功，后者有精详之誉，但其所重皆在版本价值之优劣，如黄节不惜笔墨论述石经，于活字仅著数语；叶德辉全书多有价值判断，其辞不乏赏鉴家习气。孙毓修更重“版刻学”而非“版本学”，对工艺、工序、工料之情形引述不厌其详，而对于文本之精校、书版之精刊与否，仅约略及之而似不以为意。

后来学者，已较孙毓修所见更为深广，如向达先生《唐代刊书考》所引雕版印刷资料，即较《中国雕板源流考》更丰。向先生论唐代刊书之先导，谓“中国印刷术之起源，与佛教有密切之关系”[①]，所引佛教印书及私印历书之文献皆为孙著所未及，然其结论亦大致与孙著相同。此外，向先生发现唐代刊书渐次流行的时代大率在唐懿宗咸通年间前后，“是刊书之事，当自此始渐为士大夫所注意，因而形诸记述”[②]，称为中国刊书史上之咸通时代，

①向达:《唐代刊书考》,《唐代长安与西域文明》,商务印书馆 2015 年版,第 136 页。

②向达:《唐代刊书考》,《唐代长安与西域文明》,商务印书馆 2015 年版,第 140 页。

并举十条文献记载以实之[1]。孙毓修《中国雕板源流考》已征引其中六条，惜未进而推出“咸通时代”。孙氏阅书诚已甚富，惟向先生于见闻广博以外更兼颖悟过人，故其所论多更确凿。

张元济撰《宝礼堂宋本书录序》，实亦一篇中国书史简述。该文谓雕版印刷“昉于晚唐，沿及五代，至南北宋而极盛”[2]，虽谓雕版印书起于晚唐似稍晚，然已纠正孙毓修的起于隋代之说。张元济并谓其工事之美善，可得而言者有四：一曰写本，二曰开版，三曰印刷，四曰装潢，其所引史料与《中国雕板源流考》重合与相异者各半，其叙述框架“顺序几乎与孙著相仿，只是更加精粹”，“表明张元济撰写此序文时，极可能参考过孙毓修的书”[3]。张元济《序》论述“开版”时，谓“岳珂《刊正九经三传沿革例》[4]自言家塾所藏有天福铜版本，后有人得韩文‘《易》奇而法，《诗》正而葩，《春秋》谨严，《左氏》浮夸’十六字铜范者，蔡澄、张廷济均谓是宋太宗初年颁行天下刻书之式。

①日本僧宗叡《新书写请来法门等目录》、范摅《云溪友议》、司空图《一鸣集》、王谠《唐语林》、柳玭《家训序》、叶梦得《石林燕语》、无名氏《爱日斋丛钞》、唐《国史志》、朱益（朱翌）《猗觉寮杂记》。

②张元济：《序》，见潘宗周藏、张元济撰：《宝礼堂宋本书录》，程远芬整理，上海古籍出版社2020年版，第1页。

③柳和城：《孙毓修评传》，上海人民出版社2011年版，第194页。

④按张政烺《读〈相台书塾刊正九经三传沿革例〉》已论证此文并非岳珂所撰，相台岳氏本实翻刻自世綵堂廖氏本，见《张政烺文史论集》，中华书局2004年版，第166—188页。本书《藏书丛话》“木记”一节亦可提供论据。

然今所传铜板印本，仅为有明建业张氏、锡山安氏及华氏会通馆、兰雪堂所制，而宋本已无一存”，“传于今者，厥惟木版。刊印之便，宜莫如木，若梨若枣，取用尤繁，故当时所称曰锓板，曰锓梓，曰绣梓，曰刻板，曰镂板，曰雕造，曰模刻，曰板行，无不与木为缘。揆其功能，实远出笵金合土之上”[①]，而孙毓修于连载本《中国雕版印书源流考》中谓“隋唐版片，用金用木，今不可考矣。岳珂《九经三传沿革例》有天福铜版本。宋时监本皆用枣木，麻沙本皆用榕木。近时刻版，精者用枣，劣者用梨、用杨。刻图有用黄杨者，工费最巨。用铜锡铅泥者，则惟活字版有之”，两人皆引用《刊正九经三传沿革例》所载天福铜版本论述早期版刻或以金属为之的可能性。玩味张元济《序》，虽言有韩文铜笵，然意未必即有铜版，恐怕张元济对“天福铜版本”之说亦未尽信[②]。而孙毓修于刊本《中国雕板源流考》中删去“天福铜版本”相关论述，是否与张元济之意见有关，抑或已得见叶德辉《书林清话》而改从其说，如今亦无从考证。但从《宝礼堂宋本书录序》的论述来看，张元济对孙毓修的观点，似既有参考亦有补正，从中亦可悬揣蠡测二人交谊之一斑。

---

①张元济:《序》，见《宝礼堂宋本书录》，上海古籍出版社2020年版，第3页。

②按叶德辉《书林清话》卷十“张廷济蜀铜书笵不可据”一节则直指所谓韩文铜笵之说不可信，第232—233页。

三、孙毓修的"板本八考"研究

前文已述及孙毓修有"板本八考"的撰述计划，而《中国雕板源流考》仅仅完成其中五项（雕镂、纸墨、坊肆、工价、装潢），至于款式、板权、避讳三项，《中国雕板源流考》基本未加论述。然而孙毓修一直有综合性的"板本"研究的问题意识，考察孙氏部分著述或资料辑录之稿本，亦可窥"板本八考"之涯略。

按孙毓修另有《藏书丛话》稿本四册，今藏上海图书馆，其中第一册书衣题"藏书丛话（乙卯旧重阳第一次稿本　留庵）"。第二册书衣题"藏书丛话目录"，并注"予欲辑此久矣，人事因循，疾病时作，至今未成，后必勉为之。丙辰夏正十二月廿七日午后，星如"。第三册书衣题"书目叙跋　贞册"，不题年月，按"元亨利贞"，"贞册"当在第四册，此疑有误。第四册书衣题"目录学录　丙辰八月"。则此稿始撰于1915—1916年，随后不断增补。其中第一册书衣于书名以外，尚写有此本分类目录，凡三十一章①，而据本册各页版心，则此书仅完二十一章：雕造、佞宋、款式、纸墨、仿梓、搜访、偏嗜、传录、假借、校雠、藏印、真赏、闺阁、聚散、目录、装潢、明本、木记、字体、工价、活本。第二册以下则未加分类。此书原意盖是对各家书录、书跋内容分类辑订，可惜仅完成第一册，馀下三册则仅存未分

---

①雕镂、活版、佞宋、元明、款式、避讳、字体、纸墨、装潢、板权、工价、坊肆、贩鬻、鉴别、搜访、印记、传写、假借、校雠、目录、聚散、闺阁、偏嗜、返忆、仿刻、丛书、残阙、进献、禁书、释道、题跋。

类之长编[1],第一册中也夹有大量片纸散页,皆为资料摘录,率多凌乱不能董理。

今就此稿第一册言之。既名《藏书丛话》,其所侧重,自与藏书关联较大,从上述章节名称已可见之。其中颇有独具只眼者,如“搜访”一节摘引华谷里民(张文虎)《湖楼校书记》所载文澜阁之借书制度和藏书排架等情况,因其撰于文澜阁劫火之前,故叙述详备可信,有裨征实,且可补充《文澜阁志》之缺略,益见其书价值独特。又“假借”一节讨论俗语“借书一痴,还书一痴”之“痴”字何解,其实宋人王楙《野客丛书》、张世南《游宦纪闻》已详论之,宋元以来笔记类书多限于剪裁此二书之说而已,乃至民国初年颠公(雷瑨)《嬾窝笔记》“借书还书”条(扫叶山房《文艺杂志》第6期)仍不脱此中范围[2],孙毓修则摘引元人吾丘衍《闲居录》、明人王肯堂《郁冈斋笔麈》之说,虽详备程度不及王、张二家,然立说颇有新人耳目之处。

至于此书内容关涉“板本八考”者,例如“雕造”一节,则可作《中国雕板源流考》资料所未及者之补充,如

①乐怡:《孙毓修版本目录学著述研究》,复旦大学博士学位论文,2011年,第119—120页。

②范景中《“借书还书”与抄书——兼谈〈此君轩漫笔〉》(《藏书家》第2辑,齐鲁书社2000年版,第115—120页)一文指出雷瑨此条基本照录李心衡《此君轩漫笔》卷一“借书还书众说”,以李心衡的“绝佳文字”因其书“难得一见”而被雷瑨“抄抄无妨”甚有不平。实则李氏亦仍不过剪裁《野客丛书》《游宦纪闻》二书而已。

《中国雕板源流考》“官本”一节，侧重经史之刊刻，以及国监刻书之体制，尤以赵宋一代资料最为详赡；《藏书丛话》所辑宋代刻书资料则有钱佃《荀子考异》所载《荀子》有“元丰国子监刻者”，知宋国子监不仅刊刻经史，亦刊刻他书。又有《齐东野语》所载沈与（字偕君）“既而擢第，尽买国子监书以归”事，可见国子监刻书亦对外售卖，且此条或可见国子监书亦一定程度上为时人所爱重，而《中国雕板源流考》有“顾李易安仓皇避寇，而先弃书之监本者，（夹注：见《金石录序》。）似旧监本不为当时所重”，两条材料或可互为参证[①]。除“雕造”以外，其“纸墨”“装潢”“工价”诸节辑录的材料，亦有可为《中国雕板源流考》补正者，此不赘引。

此外，《藏书丛话》有“款式”一节，下分为行格、正文小字、标目、板心、分卷五部分，虽资料并不丰赡，但亦面面俱到，可作“板本八考”研究之成果。此外并有“木记”“字体”等章节，惜抄辑较少，似亦属未完之稿。

孙毓修另有《翻版牓文》稿本一册，今藏上海图书馆，为孙氏抄录各书刊刻所撰序跋、牌记，就中多声明版权所属，部分序跋还提及已申官司付榜文，禁止擅自翻刻

---

①按《金石录后序》所载李清照依次舍弃之藏品为“书之重大印本者”“画之多幅者”“古器之无款识者”“书之监本者”“画之平常者”“器之重大者”，似正可说明监本恰为李氏所重，详参李开升：《古籍之为文物——明代出现的新型藏书家》，《古籍之为文物》，中华书局 2019 年版，第 8—9 页。

云云。此即“板本八考”之“板权”研究,仍较为单一且原始[①]。孙氏对版权的兴趣,可能来自其作为编辑的本职工作,也可能是受《大清著作权律》出台的影响。

《翻版膀文》书内夹附“元板《四书拂镜尘》”打字件一纸,并墨笔书:“孙星如先生:弟元济手上。8/9/9。”为商务印书馆用笺[②]。乐怡女史据此笺推定此稿辑成于民国八年(1919)年前后[③]。此说信然,且另有旁证,此稿根据江南图书馆藏清康熙年间崇道堂刻《五经》本《礼记》录出卷首《抄录邸报》及《朱氏经书启》,这两篇文字文博义丰,且为近年研究中国古代版权问题诸学者未曾论及,允为该稿本中最有价值者。孙毓修曾于1919年7月至8月间,为商务印书馆《四部丛刊》选取底本事,前往江南图书馆访书[④],得见崇道堂本《礼记》,当于此年无疑。另《翻版膀文》有明万历刊本《七经图》相关资料,该书著录于丁丙《善本书室藏书志》,钱塘丁氏旧藏多归江南图书馆,孙氏获睹此书当亦在此年。

《翻版膀文》辑录的序跋及榜文,其版权保护仍是诉

---

①较为全面的中国古代版权研究,可参考何朝晖:《试论中国古代雕版印刷版权形态的基本特征》,《图书与情报》2008年第3期。

②参见《张元济全集》第10卷,商务印书馆2010年版,第392页。

③乐怡:《孙毓修版本目录学著述研究》,复旦大学博士学位论文,2011年,第126页。

④胡道静:《孙毓修的古籍出版工作和版本目录学著作》,《出版史料》1989年第3—4期。上海图书馆藏有孙毓修稿本日记《江南阅书记》,载访书事甚详。

诸官府,如宋元本序跋不论内容长短,要不外乎“已申上司,不许覆版”(宋本《东都事略》目录后)而已。所录明本《周易经传》附牒文,则是官方牒文规定坊刻四书五经,须严格按照官府颁行之本照样翻刻,并由官学组织师生校对无误后,方准印售。录清代经籍刊行序跋及牒文亦然,惟录张潮《昭代丛书丙集·例言》言及清代福建翻版猖獗,而私家刻书者难以支持身赴福建打官司的成本(据此,古代版权官司似是属地管辖?),故提请“今八闽当道诸先生,凡遇此等流,力为追劈伪板,究拟如法”,虽然显得有些一厢情愿,但也是本稿中有趣味的文字。

《翻版牓文》虽重在抄录榜文,但亦辑录其馀形式的版权标志,例如明万历刊本《七经图》,其卷前叶有古玉花纹,并木记云:“绵纸双印,恐有赝本,用故双琱玉为记。”孙氏除抄录其文字外,另夹附卷前叶(似是影印件)一张,读者观之可一目了然。只可惜此稿篇幅仅有数页,且孙毓修只限于抄录史料,而未加按断或评议。如天假孙氏以长年,或可完成“板本八考”及其他未竟之著述计划(如《书目考》等),使后来者得以快读其书而想见其人之博雅。

四、关于本书整理的几点说明

此次整理孙毓修作品,旨在呈现《中国雕板源流考》前后各版的文本面貌。由于初稿本、连载本和刊本不仅题名不同,行文亦多有歧异,难以通过汇校形式合为一编,故将此三本分别整理汇刊。

初稿本《雕板印书考》据复旦大学图书馆古籍部藏《小渌天丛钞》第 28 册整理。原稿卷端题作“雕板印书考卷一”,末有“别详下卷”句,盖为未完稿,今一仍其旧,不作改动。

连载本《中国雕版印书源流考》据商务印书馆《图书汇报》第 19、21、27、30(以上 1913 年)、35(1914 年)、52(1915 年)、58(1916 年)、66、70(以上 1917 年)、80(1918 年)各期整理。第 77 期虽经多方寻访,迄今仍未获见,故本次整理只好付诸阙如。

刊本《中国雕板源流考》以商务印书馆 1918 年 5 月“文艺丛刻乙集”本为底本整理,参考 1930 年 4 月“国学小丛书”本改正标点。

上海图书馆藏《藏书丛话》稿本,为孙毓修“板本八考”研究的重要成果。其中第一册已经分类辑订,今据以整理,并题作“藏书丛话第一册”,作为本书附录一。第一册中夹有大量散页,凡经孙毓修注明补入某门类下者,径行迻录,不再说明;其馀片纸只字,多为其他著述之草稿,故不再收录。第二、三、四册则未经分类条理,今如率尔操觚,惟恐治丝益棼,故此次整理暂付阙如。

上海图书馆藏《翻版膀文》稿本,亦可为“板本八考”研究提供重要参考,今据以整理,作为本书附录二。

孙毓修除了负责商务印书馆古籍整理编印工作外,亦担任《少年》杂志主编(1911—1914)。《少年》杂志

1911年第9期刊有介绍书籍印刷术的《世界怪物之发明及其进步》一文,无署名,当出自编者(即孙毓修)手笔。今据原刊录入,作为本书附录三。

宋原放、赵家璧主编《出版史料》季刊于1990年第3、4期连载《中国雕板源流考》。胡道静为作《重印〈中国雕板源流考〉题跋》,载于第4期。鉴于该篇题跋颇有参考价值,今据原刊录入,作为本书附录四。

又,孙氏著述率多抄纂,虽博集群书,然其间笔误难免;付梓之后,又多见手民之误。本次整理为其核查出处,订正讹误。凡衍文与误字以"( )"标出,拟增及改正字以"〔 〕"标出,以清眉目。一些难以径改的技术性错误,则酌情出脚注说明。至于其因仍罗振玉《敦煌石室书目及发见之原始》误作"大隋《永陀罗尼本经》",或沿袭黎庶昌观点以为日本神宫文库藏南北朝刊本《尔雅》源出后唐刊蜀大字本[①],或沿袭旧说误以岳珂为《刊正九经三传沿革例》之作者,或误读古书等,皆一仍其旧,不再注明。限于编者学识,本书整理难免仍有疏失,尚祈读者方家指正。

---

①王国维《观堂集林》卷二十一《覆五代刊本尔雅跋》辨之甚详,参见《王国维遗书》第2册,上海书店出版社2011年版,第451—454页。

雕板印书考

雕版之始

宋人言雕版源流者，如叶梦得《过庭录》：《文献通考·经籍志》引。“唐以前凡书籍皆写本，未有摹印之法。五代时冯道始奏请官镂版印行。国朝淳化中，复以《史记》、《前》、《后汉书》付有司摹印，自是书籍刊镂者益多。”江少虞《皇朝事实类苑》：“板印书籍，唐人尚未盛为之。自冯瀛王始印《五经》之后，典籍皆为板本。”罗愿《鹤林玉露》[①]：“唐末书犹未有摹印，多是传写。后唐明宗长兴二年，宰相冯道、李愚始令〔判〕国子监田敏校《六经》版行，世方知镂本甚便。”谓始于冯道。王明清《挥麈馀话》：“毋昭裔汲古阁刊本误作毌丘俭，《经义考》仍之。贫贱时，尝借《文选》于交游间，其人有难色，发愤异日若贵，当板以镂之遗学者。后仕王蜀为宰，遂践其言。印行书籍，创见于此。”则谓始于毋昭裔。叶梦得《石林燕语》引唐柳玭《训序》：“中和三年，在蜀阅书肆所鬻字书，率雕本。”《国史志》：“唐末益州始有墨版，多术数、小学、字书。”朱

---

①出处有误，当出自罗璧《识遗》。又《鹤林玉露》作者为罗大经，非罗愿。

(昱)〔翌〕《猗觉寮杂记》:"唐末益州始有墨版。"则谓始于唐末。独费长房《历代三宝记》此书二卷,《释藏》中有之,题"隋翻经学士成都费长房撰"。谓隋代已有雕本。明陆深《河汾燕闲录》:"隋文帝开皇十三年十二月八日,敕废像遗经,悉令雕撰,此印书之始。"《本纪》无此语,故胡应麟《经籍会通》虽引之,犹有疑词。近燉煌石室发见秘藏,中有太平兴国五年翻雕大隋《陀罗尼本经》[①],上面左有"施主李(和)〔知〕顺"一行,右有"王文沼雕板"一行,盖宋翻隋板也。隋有雕板,至此乃碻然可信,又在柳玭前,不特先冯道、毋昭裔也。胡应麟谓隋世既有雕本,唐文皇胡不扩其遗制,广刻诸书,复尽选五品以上子弟入弘文馆钞书?然宋初三馆藏书、本朝《四库全书》,亦皆写录,雕本既行,钞本亦何必尽废耶!隋世所雕止于佛书,唐始以其法雕刻诸书,行于五代,盛于两宋,至今日而极矣。毓修窃谓雕板之事成于隋,实张本于汉,灵帝时,惩贿改漆书之弊,熹平四年,命蔡邕写刻石经,树之鸿都门,颁为定本,一时车马阗溢,摹拓而归,则有行诸天下、公诸同好之意,于雕板之事已近,后代石经以典章所在,率相仿效,今不具论。此椎轮大辂之不可忘者也。三代漆文竹简,冗重艰难,不可名状。秦汉以还,寖知钞录楮墨之功,简约轻省,视漆简为已便矣,然缮写难成,非兰台石室及王侯之家不能藏书。自有印板,文明之化乃日以广。汉唐写本犹用

① "陀罗尼本经"五字前本有"永"字,复圈去。

卷轴，抽阅卷舒，甚为烦重；收集整比，弥费辛勤。雕本联合篇卷，装为册子，易成、难毁、节费、便藏，四善具焉。上溯周秦，下视六代，其巧拙为何如？胡应麟以此为士生三代后之厚幸，岂不谅哉？[①]【眉批】莫友芝云："书籍刊板始于唐末，然皆传布古书，未有自刻专集。昙域《禅月集后序》作于王衍乾德五年，称'检寻稿草及暗记忆者约一千首，雕刻成部'，则自刻专集殆自是集始，是亦可资考证也。"○欧阳《记旧本韩文后》云："集本出于蜀，文字刻画颇精于今世俗本。"近有江陵杨氏藏《开元杂报》七叶，《孙可之集》有《读开元杂报》文，当即此也。尚是唐人雕本，叶十三行，每行十五字，大字如钱，有边线丝栏而无中缝，犹唐人写本款式，作蝴蝶装，墨影漶漫，已不甚可辨，惟一叶最完好。此与日本所藏永徽六年《阿毗达磨大毗婆娑论》刻本，均为天壤间最古之本。世传卷子本陶渊明《归去来辞》，后署"大唐天祐二年秋九月八日馀杭龙兴寺沙门觉远刊行"云云，皆不可信。

①此下原另起"唐人版本"一节，复删并。

五代监本

后唐宰相冯道、李愚重经学，奏请校定经典，雕摹流行，是为后世监本之始。《五代会要》："后唐长兴三年二月，中书门下奏请依石经文字刻《九经》印板，敕令国子监集博士儒徒，将西京石经本，各以所业本经句度，抄写注出，子细看读。然后雇召能雕字匠人，各随部帙刻印板，广颁天下。如诸色人要写经书，并须依所印敕本，不得更使杂本交错。其年四月，敕差太子宾客马缟，太常丞陈观，太常博士段颙、路航，尚书屯田员外郎田敏充详勘官；兼委国子监，于诸色选人中，召能书人端楷写出，旋付匠人雕刻。每日五纸，与减一选，如无选，可减等第，据与改转官资。汉乾祐元年闰五月，国子监奏在雕印板《九经》，内有《周礼》《仪礼》《公羊》《穀梁》四经未有印板，今欲集学官校勘四经文字镂板。从之。周广顺三年六月，尚书左丞兼判国子监事田敏进印《九经》书、《五经字样》各二部一百三十册。"《册府元龟》同，按《玉海》："广顺三年六月十一丁巳，十一经及《尔雅》《五经文字》《九经字样》板成，判监田敏上之。"又："景德二年九月，国子监言《尚书》《孝经》《论语》《尔雅》四经字体讹缺，请以李鹗本别雕。"原注："鹗字是广顺三年书。”与《册府》《会要》所载又多数种。【眉批】《道德真经广圣义》,任知玄刻之,起武成己巳,终永平癸酉,共成四百六十馀板,布衣道士王洞虚再刻之于宋初。洞虚有《再雕道德经广圣义疏后序》。知玄撰《广圣义印板后序》题“永平三年太岁癸酉二月甲戌朔八日辛巳”,云“方今天皇御历,〔德〕日新,声教恢弘,英风振古。顾惟盛作宜播盛时,盖章轴既多,卒难缮写,知玄遂月抽职俸,旋赁良工,雕刻印文,成四百六十馀板,永镇龙兴大观,随缘印造流行。”自长兴至此历四朝唐、晋、汉、周。七主唐明宗长兴、后帝清泰,晋高祖天福、出帝开运,汉高祖天福、隐帝乾祐,周太祖广建。二十四年而成,《册府元龟》载敏进书表曰:“臣等自长兴三年校勘雕印《九经》书籍,经注繁多,年代殊邈,传写纰缪,渐失根源。臣守官胶庠,职司校定,旁求援据,上备雕镂。幸遇圣朝,克终盛世,播文德于有截,传世教以无穷。〔谨〕具陈进。”显德二年二月,中书门下奏国子监祭酒尹拙状称准校《经典释文》三十卷,雕造印板。按此书未成,宋监续之[①]。五代兵戈扰攘,日不暇给,而经籍之传甚广,亦足多矣。田敏主持其事,人谓其擅用卖书钱千万,请下吏讯。载《册府元龟》。可见板本初行,人皆喜其轻便,流通甚广,盖大有功于文教也。《册府元龟》谓:“印板《九经》流行,儒官数多是非,掇拾舛误,讼于执政。”亦可见定本之难。然后来翻刻,转相沿误。长兴校勘究为

---

①此下原另起“五代刻本之精”一节,复删并。

精良，至其摹印之工，更为后来所不及，洪迈《容斋随笔》："予家有旧监本《周礼》，其末云：'周广顺三年癸丑五年雕造《九经》毕，前乡贡三礼郭嵠书。'列宰相李穀、范质，判监田敏等衔名于后。《经典释文》末云'显德六年己未三月太庙室长朱延熙书'，宰相范质、王溥如前，而田敏以工部尚书为详勘官。此书字画端严有楷法，更无舛误。成都石本诸经，《毛诗》《仪礼》《礼记》皆秘书省秘书郎张绍文书，《周礼》者校书郎孙朋古书，《周易》者国子博士孙逢吉书，《尚书》者校书郎周德政书，《尔雅》者简州平泉令张德昭书，题云'广政十四年'，盖孟昶时所镌，其字体亦精谨，两者并用士人笔札，犹有贞观遗风，故不庸俗，可以传远。唯三传至皇祐方毕工，殊不逮前。"邵博《河南邵氏闻见后录》五："予曾大父遗书，皆长兴年刻本，委于兵火之馀，仅存《仪礼》也。"今传蜀大字本《尔雅》有"将仕郎守国子四门博士臣李鹗书"一行。鹗不作锷[①]。自中原板荡，南渡以后，传本已稀，故家往往有之，学者已不易见，周公谨弁阳藏书，以失去天福本为恨；陈振孙宰城南日，得古京本《五经文字》一卷，急著于录：可见其珍重也。敦煌石室有《金刚经》刻本，题"弟子归义军节度使特进检校太傅〔兼御史大夫谯郡开国侯〕曹元忠普〔施〕受持。天福十五年〔己酉岁五月十五日记〕，雕版押衙雷（廷）〔延〕美"，五代雕本之存于今者，惟见此耳。

---

①王明清《挥麈馀话》卷二作"李锷"，参见《中国雕版印书源流考》"监本"节、《中国雕板源流考》"官本"节。

宋监版本

宋祖禅周、平蜀，设雕板印卖流通，如五代故事。太宗始则编小说而成《广记》，纂百氏而著《御览》，集章句而制《文苑》，聚方书而撰《神医》。次复刊广疏于《九经》，校阙疑于《三史》，修古学于籀篆，总妙言于释老。《册府元龟》御制序。《玉海》："景德二年五月一日，幸国子监，历览书库，观群书漆板，问祭酒邢昺曰：'板数几何？'昺曰：'国初印板止及四千，今仅(止)〔至〕十万，经史义疏悉备。'帝因益书库十步以广所储。"又："天禧元年九月癸亥，诏国子监群书更不增价。"《挥麈后录》："仁宗即位方十岁，章献明肃太后临朝，分命儒臣冯章靖元、孙宣公奭、宋宣献绶编为《观文览古》《三朝宝训》《卤簿图》等书，镂板于禁中。元丰末，哲宗以九岁登极，宣仁圣烈皇后亦命取板摹印，分锡近臣及馆殿。"右文雕造且出于垂帘之朝，尤后世所未闻。承累代兵戈之后，经籍散亡，群睹雕本之易致，写本之难成，知崇尚雕本。而宫廷复为倡率，所刻书纸坚字软，笔画如写，皆有欧、虞法度，避讳谨严，开卷一种书香，自生异味。其赐本用澄心堂纸、奚廷珪墨者，溪潘流渖，尤为精妙。加以州郡官绅之请镌者，京、杭、蜀、建坊贾之私刊者，所在皆有，纸墨精工,既非后来所及,去古未远,字义可据,椠本流传,益为后人所重。《天禄琳琅》谓:“书籍刊行大备,要自宋始,校雠镌镂,讲求日精。”故今之言版本者莫不宗之,而监本尤可贵。南宋行在草创,然犹设国监,潜说友《咸淳临安志》:“绍兴十三年,临安守臣王(唤)〔焕〕请即钱塘县西岳飞宅造国子监,绘鲁国图,东西为丞簿位,后为书库官位,中为堂。书版库在中门之内。”陈骙《中兴馆阁录》:“印版书库在秘书西廊,北为印书作。”立书库官以崇其事,太学书版,皆取诸搢绅家世、监司郡守,岳珂所云“绍兴初仅取刻版于江南诸州,视承平刻本又相远”者也。其后颇有校刻,如汴京故事。李心传《朝野杂记》:“监本书籍者,绍兴末年所刻也。国家艰难以来,固未暇及。九年九月,张彦实待制为尚书郎,始请下诸道州学,取旧监本书籍,镂板攽行。从之。《玉海》:“绍兴九年九月七日,诏下诸郡,索国子监元攽善本,校对镂板。”然所取者多残阙,故胄监《六经》无《礼记》,正史无《汉书》。二十一年五月,辅臣复以为言,上谓秦益公曰:‘监中其他阙书,亦令次第镂板,虽重有所费不惜也。’由是经籍复全。”近人以书名标题“监本”二字,或前载北宋牒文而阙笔至南宋诸帝者,为临安刻本。昭仁殿藏绍兴重雕《前》《后汉书》,《天禄琳琅》称其“书手刻工,皆属上选;摹印纸墨,亦经加意。官书之刻,无出其右”,可知其本之致佳。昭仁殿又藏《春秋经传集解》,后刻木记云:“淳(照)〔熙〕三年八月十七日,左郎司局内曹掌典秦王祯等奏闻壁经《春秋左传》《国语》《史记》等书,多为蠹鱼伤牍,不敢备进上览。

奉敕用枣木椒纸各造十部。四年九月进览，监造臣曹栋校梓，司局臣郭庆验牍。”《天禄琳琅》谓："枣木刻，世尚知用；若印以椒纸，后来无此精工也。”宋初所刻，至南渡后传本已稀，尤文简公以未得旧监本《史记》为憾；钱佃求元丰监本《荀子》，久而得之；马端临《经籍考》载其先公得景德中官本《仪礼疏》四帙，叹为罕见。传至今日，更与景星麟凤同为旷世之物矣。独怪李易安仓皇避难，先弃其书之监本者，见《金石录后序》。李氏之爱书固不如其爱金石，亦以近者易忽、古者易慕，人情大抵然耳。

宋监所刊名数

叶梦得谓："淳化中，以《史记》《前》《后汉书》付有司摹印，自是书籍刊镂者益多。"今其名数详见《玉海》，亦有但言校勘或投进，而不言雕镂者，如《资治通鉴》元祐元年下杭州镂板，《周髀算经》《缉古算经》《夏侯阳算经》《孙子算经》《五曹算经》《荀子》皆雕于元丰间，《玉海》不载。由此推之，遗漏当不少矣，杭监所雕尤不能详。兹姑依王书，参以《麟台故事》《中兴馆阁录》《续录》所记，以著于篇中。有内府、崇文、史馆、杭州板行者亦并列焉。卷二元人《西湖书院书目》可互证。

端拱《五经正义》。元年三月，司业孔维等奉敕校勘孔颖达《五经正义》百八十卷，诏国子监镂版行之。淳化三年，次第毕工以献，《礼记》印版召前资官或进士写之。是年判监李至言义疏释文尚有讹舛，请更加刊定。以赵安仁有苍雅之学，奏留书之。咸平二年，《五经正义》始毕。

咸平《七经义疏》。三年三月癸巳，命国子祭酒邢昺等校定《周礼》《仪礼》《公羊》《穀梁传正义》，又取元行冲《孝经疏》，梁皇侃《论语疏》，孙炎、高琏《尔雅疏》，约而修之。四年九月丁亥，上《七经义疏》一百六十五卷，遣直讲王焕就杭州刊板。景德、祥符间，又将诸经板重修定，今传单疏《仪礼》题“景德”年号以此。天禧元年五月辛丑，令国子监重刻经书印板，以岁久刓损故也。今所传单疏本《易》《书》《诗》《礼》《穀梁》《仪礼》皆已残阙，惟《尔雅》独完。

开宝《释文》。周显德中，诏刻《序录》、《易》《书》《周礼》《仪礼》四经《释文》。开宝中，命校定《礼记》《尚书》《孝经》《论语释文》，元朗《释文》用《古文尚书》，命判监周惟简与陈鄂重修定，诏并刻板颁行。咸平二年十月十六日，直讲孙奭请并摹《古文尚书音义》，与新定《释文》并行。从之。景德二年二月甲辰，命校定《庄子释文》。《尔雅音义》一卷，释智骞所撰，吴铉驳其舛误。天圣四年五月戊戌，国子监请摹印德明《音义》一卷颁行。

雍熙《说文》。三年十一月乙丑朔，徐铉等上新定《说文》，诏付史馆摹板颁行。

元丰《字说》。五年，王安石上。绍圣二年十一月八日，龚原请雕版。

景德《切韵》。四年十一月戊寅，崇文院校定，依《九经》例颁行。

淳熙《礼部韵略》。元年，国子监言前后有增改删削及多舛误，诏校正刊行。

景祐《集韵》。四年，丁度等承诏撰。宝元二年九月，书成上之。十一月，进呈颁行。庆历三年八月十七日，雕成。

康定《群经音辨》。天章阁侍讲贾昌朝撰进。二年，诏刊行。宝元二年十一月三日，令崇文苑雕印颁行。

绍兴《论语解》。刑部侍郎兼侍讲黄祖舜进。诏给事中金安看详之。十二年,令国子监板行。

淳化《史记》《前》《后汉书》。五年七月,诏选官分校《史记》《前》《后汉书》,遣内侍裴愈赍本就杭州雕行。咸平、景德中,又重校。王应麟云:"今所行止淳化中定本。"则咸平重修之前,《后汉书》未及刊行。

咸平《三国志》《晋》《唐书》。三年十月,校《三国志》《晋》《唐书》,五年毕。刘煦《唐书》将别修,不刻板。按嘉祐五年,曾公亮进新修《唐书》,诏下杭州镂板。《三国志》今传单行《吴志》,盖三国分刊。

乾兴《后汉书志》。元年十一月戊寅,校定《后汉书》三十卷颁行。据牒文,则此《志》并入《后汉书》,不单行。

天圣《南》《北史》《隋书》。二年六月辛酉校,四年十二月毕。

景祐校七史。元年四月丙辰,命宋祁等覆校《南》《北史》。九月癸卯,诏选官校正《史记》《前》《后汉书》《三国志》《晋书》。二年九月壬辰,诏翰林学士张观刊定《前》《后汉书》,下胄监颁行。秘书监余靖请刊正《前》《后汉书》,逾年毕,乃改旧摹板。

嘉祐七史。六年八月,校《梁》《陈》等书镂板,《宋》《齐》《梁》《陈》《后魏》《周》《北齐》七史书,诏不全者访求之。七年十二月,诏以七史板本四百六十四卷送国子监镂板颁行。唯开宝所修《五代史》未布,以俟笔削。

皇祐《大飨明堂记》。三月二月五日丙戌,宰臣文彦博上,令崇文院雕板。

熙宁《唐六典》。十年九月,命刘挚等校。元丰元年正月成,上之。三年,禁中镂板,以摹本赐。

绍兴《中兴馆阁书目》。五年,少监陈骙上。闰六月十日,令浙漕司摹板。

咸平《道德经》。六年四月,命杜镐等校。六月毕。

景德《庄子》。二年二月甲辰校定《庄子》,并以《释文》三卷镂板。后又命李宗德等雠校《庄子序》。先是,崇文院校《庄子》,以其《序》非郭象文,去之。至是,上谓其文理可尚,故有是命。

祥符《列子》《孟子》。四年三月校。五年四月,上新印《列子》。十月,校《孟子》,孙奭为《音义》二卷。七年正月,上新印《孟子》及《音义》。

治平《扬子法言》。嘉祐二年,诏吕夏卿校定《法言》。治平元年上之,又诏内外制看详。二年上之,命镂板。

兴国《太平广记》。六年,诏令镂板颁天下。言者以为非学者所急,收墨版,藏太清楼。

祥符《册府元龟》。八年十二月乙丑,王钦若等上版本。

天圣《医经》。四年十月十二日乙酉,命集贤校理晁宗悫、王举正校正《黄帝内经素问》《难经》《巢氏病原候论》。五年四月乙未,令国子监摹印颁行。按《内经》有绍定重刊本。

天禧《四时摄生论》。元年八月丁未,内出郑景岫《四时摄生论》、陈尧叟所集方一卷示辅臣,上作序记其事,命有司刊板。按开宝修《本草》,兴国中纂《圣惠方》,皇祐择取精者为《简要济众方》,嘉祐间命掌禹锡等校正医书,置局编修院,后徙太学。十馀年补注《本草》,修《图经》,而《外台秘要》《千金方翼》《金匮要略》悉从摹印,或籍金解石,或镂板联编。《皕宋楼藏书志》"北宋刊《外台秘要方》",是仁宗皇祐三年降付杭州开版模印。

绍兴《大观本草》。二十七年八月十五日,王继先校上,诏秘书张修阅,付胄监板行之。

景德《文苑英华》《文选》。四月八月丁巳,命置馆校理校勘《文苑英华》及《文选》,摹印颁行。祥符二年十月己亥,命太常博士石待问校勘《文苑英华》。十二月辛未,又命张秉、薛映、戚纶、陈彭年覆校。孝宗时,又命周必大校雠以进。

宋监刊书奏令

宋监刊行群籍,先由中书省表请分命校勘,复选精于字学之人写样上板,乃奉圣旨下国子监雕板颁行,书中并列表牒及书写勘定人衔名,雕造不苟有如此者,风虽始于蜀监,体实宏于汴京。今由旧椠摹录数则,以见典制。

臣维等言,臣等先奉

敕校勘《五经正义》,今已见有成,堪雕印板行用者。伏以三才分而书契肇启,六籍著而学校斯兴。由是体国辨方,必宗乎典礼;修文立教,实本于胶庠。则郁郁乎文,于周为盛矣。然暨法值挟书,时经战国,或年祀远而篇简脱烂,或师徒众而传授差讹。序历朝错综之文,虽具陈解说;在群儒讲论之旨,亦互有异同。唐贞观中,国子监祭酒孔颖达考前代之文,采众家之善,随经析理,去短从长,用工二十四五年,撰成一百八十卷。自是至此三百馀年,讲经者止务销文,应举者唯编节义。苟期合格,志望策名。出身者急在干荣,食禄者多忘本业,一登科级,便罢披寻。因循而舛谬渐滋,节略而宗源莫究。伏惟

应运统天睿文英武大圣至明广孝皇帝陛下,

道高贯月,

德迈□[1]瞳,

武畅遐陬,

文加异俗。

举前朝之坠典,

正历代之旧章。

崇儒雅之风,三王却轸;

阐《诗》《书》之教,两汉厚颜。臣等谬以寡闻,幸尘华贯,猥奉穷经之寄,曾无博古之能,空极覃精,宁周奥义。今则逐部各详于训解,写本皆正于字书,非遇昌期,难兴大教。既释不刊之典,愿垂

永代之规。傥今雕印以

颁行,乞降

丝纶之明命。干犯

旒冕,臣等无任战汗兢惶激切屏营之至,谨奉表陈

请以

闻。臣维等诚惶诚恐,顿首顿首,谨言。

端拱元年三月,勘官、承奉郎、守大理评事臣秦奭等上表。

勘官、征事郎、守大理寺丞、柱国臣轩辕节,

勘官、征事郎、守太子右赞善大夫臣胡令问,

---

① “□”,本作“重”,复改为此。

勘官、承奉郎、守太子右赞善大夫、柱国臣解贞吉，
勘官、承奉郎、守殿中丞、柱国臣胡迪，
勘官、朝奉郎、守国子《毛诗》博士、柱国、赐绯鱼袋臣解(捐)〔损〕，
勘官、承奉郎、守国子《礼记》博士、赐绯鱼袋臣李觉，
勘官、承奉郎、守国子《春秋》博士、赐绯鱼袋臣袁逢吉，
都勘官、朝请大夫、守国子司业、赐紫金鱼袋臣孔维。

右《校勘五经正义表》，见影宋钞单疏本《尚书》。

中书门下
牒：奉
敕，国家钦重儒术，启迪化源，眷六籍之垂文，实百王之取法。著于缃素，皎若丹青。乃有前修，诠其奥义，为之疏释，播厥方来。颇索隐于微言，用击蒙于后学。流传已久，讹舛实多，爰命校雠，俾从刊正。历岁时而尽瘁，探简策以维精。载嘉稽古之功，允助好文之理。宜从雕印，以广颁行。牒至准敕，故牒。

景德二年六月　　日牒
工部侍郎、参知政事冯
兵部侍郎、参知政事王
兵部侍郎、平章事寇
兵部侍郎、平章事毕

右牒见明李元阳本《公羊正义》,此即《麟台故事》所云景德二年重校刊咸平《七经》事也。

天圣二年五月十一日上 御药供奉蓝元用奉传
圣旨,赍禁中《隋书》一部付崇文院,至六月五日 敕差官校勘。时命臣绶,臣烨,提点左正言、直史馆张观等校勘,观寻为度支判官,续命黄监代之。仍内出版式雕造。

右见元大德本《隋书》。

辽世版本

《辽史·文学传》:“辽起沙漠,太宗以兵经略方内,礼文之事,多所未备。”《帝纪》:“圣宗开泰元年八月,那沙国乞儒书,诏赐《易》《诗》《书》《春秋》《礼记》各一部。道宗清宁元年十二月,诏设学,颁诸经义疏。”《罕嘉努传》:“奉诏译《贞观政要》《五代史》。”道宗尝诏录马嵬坡太真墓诗,得五百馀首,付词臣第之,可云好事。监中校刊今不可考。沈括《梦溪笔谈》:“契丹书禁甚严,传入中国者,法皆死。”后世传本之罕以此。钱曾《读书敏求记》有“辽版《龙龛手鉴》,统和十五年丁酉宋太宗至道三年。七月初一癸亥,燕台悯忠寺沙门智光字法炬为之序,名僧开士相与探学右文,穿贯线之花,翻多罗之叶。“载彼贯线之花,缀以多罗之叶。”法炬序中语。镂板制序,垂此书于永古。今此本独流传于劫火之馀,灵光巍然,洵希世之珍”云云。天禄琳琅藏此书,亦指为辽板。按元书作《龙龛手镜》,此本避讳作“鉴”,已是宋人翻本,安得云辽板耶?则辽板诚不得也。

金元监雕译本

《金史》:“章宗明章五年,置弘文院译写经书。”《元史》:“太宗八年六月,立编修所于燕京。文宗天历二年二月,立艺文监,隶奎章门学士院,专以国语敷译儒书,及儒书之令校雠者俾兼治之。又立广成局,专一印行祖宗圣训凡国制等书,皆隶艺文监。”王士点《秘书监志》:“兴文署又刊蒙古译本。”按元时刊行译本见于《本纪》者,成宗大德十一年八月刊行《孝经》,武宗至大四年六月刊行《贞观政要》,仁宗刊行《大学(術)〔衍〕义》《列女传》。今所传大字本《元秘史》,蒙汉并列,不审何时所刊。

元兴文署版本

《秘书监志》："至元十年十一月，太保、大司农奏：'兴文署掌印文书交属秘书监。'《元史》系此事于至元二十七年，与《志》不合。本署设官三员，令一员，丞二员，校理四员，楷书一员，掌纪一员，雕字匠四十名，作头一，匠三十九，印匠十六。"又："至元十四年十二月，中书省奏：'奉旨并衙名，兴文署并入翰林院。'"王磐序兴文署刊《资治通鉴》云："朝廷悯庠序之荒芜，叹人才之衰少，乃于京师创立兴文署，召集良工，剡造诸经子史版本，颁布天下，以《资治通鉴》为起端之首。"按世祖初年用许衡遗言，取杭州在官书籍版及江西诸郡书籍版至京，今亦令兴文署掌之，旧雕新版并蓄，兼收北地枣本，此其荟萃矣。

明南北监本

明初，国子监以故集庆路儒学为之，后移建鸡鸣山下，监中所储以宋元旧版及四方送来者为多。永乐二年，改北平府学为国子监，各书版亦多由四方移集，本监自刻者无几。以三百年金瓯无缺之天下，而南北两监所刻巨编，只《十三经注疏》《二十一史》而已。梅鷟《南雍志》："嘉靖七年，锦衣卫闲住千户沈麟奏准校勘史书，礼部议以祭酒张邦奇、司(农)〔业〕汪汝璧博学有闻，才猷亦裕，行文使逐一考对修补，以备传布；于顺天府收贮变卖庵寺银，取七百两发本监将原板刊补，其广东布政使原刻《宋史》，成化十六年，两广总督朱英刻。差人取付该监，一体校补；《辽》《金》二史原无板者，购求善本翻刻，以成全史。制曰可。后邦奇等奏称《史记》《汉书》残缺模糊，莫若重刻；又于吴中购得《辽》《金》二史，亦行刊刻，合《廿一史》。共用工价银二千九百馀两，十一年七月成。"今所行南监本是也，校对卤莽，讹错甚多。中如《金》《元》二史，原刻有脱误，明人复惜誊写之工、笺纸之费，徒取旧本窠模，一任工司删脱。万历十四年刻《十三经注疏》、二十四年刊《二十一史》于北监，以南监本缮写刊刻，虽行款较为整齐,实不如南监之近古。沈麟士《野获编》:“万历甲午春,南祭酒陆可教有刻书一疏,谓:‘文皇帝所修《永乐大典》,人间未见,宜分颁巡方御史各任一种,校刊汇成,分贮两雍,以成一代盛事。’上即允行,至今未闻颁发也。”《永乐大典》实未刊行,陆氏身为祭酒,竟昧于故事如此。《南雍志·经籍考下篇》记梓刻始末,分为九类,除旧板外,所雕无多;北监所梓,《太学志》分为二类,一堪印书版数目二十三种,一残阙不堪印书版数目五十三种。列朝间亦修补,然补于此又缺于彼矣。《天下书目》载北京国子监板书有《丧礼》《类林诗籍》《西林诗籍》《青云赋》《字苑撮要》《韵略》《珍珠囊》《(至)〔玉〕浮屠》《孟(元四)〔四元〕赋》等片,朱彝尊《日下旧闻考》已云不存,惟经史板片清初尚在。王文简公《请修经史刻版疏》谓:“明代南北两雍皆有《十三经注疏》《二十一史》刻板,今南监版存否完缺,久不可知;惟国学版庋置藏书楼,此版一修于前朝万历廿三年,再修于崇祯十二年。自本朝定鼎及今四十馀载,漫漶残缺,殆不可读。所宜及时修补,庶几事半功倍。至于南监旧史新版,并请敕下江南督抚查明。”所见北监史有康熙间修补本,殆文简一言之力也。

明印宋元版本

《明史》:“太祖洪武元年八月,大将军徐达入元都,收图籍。”《南雍志》:“《金陵新志》所载集庆路儒学史梓正与今同,则本监所藏诸梓多自旧国子监而来。”观此知宋元监造墨籍,尽入南监。然板既丛乱,每为刷印匠窃去刻他书,因多残阙。成化初,祭酒王㒟会计诸书亡数已逾二万篇,乃以董纶赃犯赎金送充修补之费,《文献通考》补完者几二千叶焉。弘治初,始作库楼贮之。嘉靖间,助教梅鷟盘校,分有九类:一曰制书类,二曰经类,三曰子类,四曰史类,五曰文集类,六曰类书类,七曰韵书类,八曰杂书类,九曰石刻类。每类鷟又以己见释之,足资考据。按南监旧版,明人递经修补,洪武、永乐两降谕旨,洪武十五年十一〔月〕、永乐二(月)〔年〕二月。命工部奉行。所见本有修至嘉靖间者,此种印本今名三朝本,或名邋遢本。屠赤水《考槃(遗)〔馀〕事》:“宋版书在元印或元补欠缺,时人执为宋刻元板;遗至国初或国初补欠,人亦执为元刻。然而以元补宋,其去宋近,未易辨;以国初补元,内有单边、双边之异,且字刻迥然异矣,何必辨论?”其实元人补叶,版心多记元帝年号,明补亦然;书中均不避宋讳,或不记字数及刻工,或白口改作黑口,非但字迹纸墨不同也。

明经厂本

刘若愚《酌中志·内府衙门职掌》有司礼监提督一员，秩在监官之上，职掌古今书籍名画等物，所属经厂掌司四员或六员，在经厂居住，只管一应经书印板及印成书籍，佛藏、道藏、番藏皆佐理之。此即经厂本之所由来。《明史·艺文志》："明御制诗文，皆内府镂板。"当即厂中所刻。《酌中志》又谓："司礼监经厂库内所藏祖宗累朝传遗秘书典籍。自神庙静摄年久，讲幄尘封，官如传舍，遂多被匠夫厨役偷出货卖，或劈毁以御寒，去字以改作。有蛀如玲珑板者，有尘霉如泥板者。"则其废弛可知。《四库存目》有《经厂书目》一卷，提要谓："经厂即内翻经厂，明世以宦官主之，书籍刊版皆贮于此所。刊书一百十四部，凡册数页数，纸幅多寡，一一详载。"按今《酌中志·内板经书纪略》所列目只七十馀种，则已有散佚，中惟《正统道藏》校刻颇善，清康熙四十七年三月十八日重修。《释藏》全部至今流通；其馀皆习见之书，至《神童诗》《百家姓》亦厕其列，印行之本，今尚有流传，板式不古，校对多误。天禄石渠之任，而以寺人领之，与唐鱼朝恩判国子监何异？

万历时，苏杭织造太监孙隆刻《通鉴总类》《申鉴》等书，以自造清谨堂墨搨出，后世珍之，则内翰自刻之书，亦有善者。太监冯保自刻一印，曰“内翰之章”。

清初译本

礼亲王《啸亭杂录》:“崇德四年,文庙患国人不识汉字,命巴克什达文成公海翻译国语《四书》及《三国志》各一部颁赐耆旧,以为临政规模。定鼎后,设翻书房于太和门西廊下,择旗员中谙习清文者充之,无定员。凡《资治通鉴》《性理精义》《古文渊鉴》诸书,皆翻译清文刊行。”

清武英殿版本

武英殿版本，至乾隆而极盛。考《御定全唐诗》《御选历代诗馀》皆刊于康熙四十五六年，何义门在康熙四十二年已兼武英殿纂修，则其事当起于康熙二三十年间。吴长元《宸垣识略》："武英殿，在熙和门西，南向，崇阶九级，环绕御河，跨石桥三。前为门三间，内殿宇前后二重，皆贮书版。北为浴德堂，即修书处。后为井亭。"《钦定日下旧闻录》："国子监彝伦堂后为御书楼，内尊藏圣祖御制文集、世宗御制文集板，及御纂诸经并《十三经》《二十二史》各板本经、史皆明刻版。皆贮焉。"是其版又有分藏于国子监者。列圣万几之暇，博览经史，爰命儒臣选择简编，亲为裁定，颁行儒宫，以为模范。今如《皇朝通考》及刘锦藻《续通考》所载钦定御制之书，经类二十六，史类六十五，子类三十六，集类二十，大半皆于武英殿镂版；又收取四方书板如通志堂《经解》、马氏《绎史》等。以实之，奎章之富，漆简之多，宋监以后，未有及之者也。其版有仿宋、套板、聚珍、巾箱诸式，其纸有开化、竹连等名，竹素流传，盛朝制作，夐乎尚已！光绪二年三月十一日，军机处议覆陕甘总督左宗棠《为甘肃乡试奏请颁发闱中应用书籍摺》谓："武英殿书板，间有皵朽，碍难刷印。"然检其目录，尚存百种，沧桑以后，想不可问矣。当时翻刻古书，《二十四史》流行最广。乾隆四年校刊《十三经注疏》毕，念宋监"顾彼诸史，继兹六经"之语，开雕全史。《明史》外，诸史皆附《考证》，如《十三经》例；《辽》《金》《元》别附《国语解》。款式仿万历监本，而精审过之。明止《二十一史》，今加《明史》与《旧唐书》，成《二十三史》，后从《永乐大典》辑出《旧五代史》，四十年七月初三日校上，以活字印行，四十九年镂板，合为《二十四史》，汇刻正史，至是乃大备。纯庙《御制三集》有《五经萃室记》，盖萃宋时岳珂所刻《五经》，藏昭仁殿后庑之俭德室；乾隆四十八年，仿刊于武英殿，又撰《考证》，并摹亞形牌子于后。又翻刻宋本《周易本义》《四书》，亦精。康熙间所刻《全唐诗》《历代诗馀》，字皆作馆阁体，一洗刻工习气，于宋椠元雕外，别成一代之规模，清初士绅刻本有效之者，而纸墨终不逮矣。聚珍本、套板本、巾箱本，别详下卷。

中国雕版印书源流考

题 记[1]

原夫书契结绳，远在世质民淳之代；羲爻苍画，实肇锥形金影之先，夐乎尚已。但油素既艰，汗青不易，图书之业，传布为难。爰迨开皇之世，镂版令行；更溯长兴之朝，刊书名艺。上下五千载，盛启文史之风；纵横六大洲，独寤绣梓之术。此诚古人之伟业，抑亦国史之荣光。而纪载寂寥，专书未辑，徘徊艺圃，良用歉然。辀述此篇，备其掌故，由今溯古，则有六端。其涉于雕版者，一曰时。红岩开摩崖之风，鸿都为墨简之祖。知我先民，固从刻石之方，因省雕木之理。隋经唐典，虽作过眼之烟云；石室海岛，犹见当年之行款。故首述石版，而木板次之。二曰地。五季以还，《释文》继雕于开宝，《易》《书》重梓于祥符。于是监蜀京杭而下，盛说麻沙；兴于建余之间，更推家塾。实斯文之先导，吾道之功臣，故述官监诸刻，而家塾坊贾，亦所不遗。三曰式。活字创于毕昇，而桂坡兰雪绍其芳；巾厢原于衡阳，而行密字展极其巧。万历之世，乌程闵氏，始有套版，此又印海之附庸，手民之外篇。故

①原无标题，此为整理者所拟。

述活字套版诸法，而终以巾厢袖珍诸本。四曰价。古者物勒工名，碑记醵资。宋元旧本，有记工料纸张者，如李清孙之《易言》，王黄州之文集。虽类甲乙之簿，足征食货之经，故述工价。剞劂既竣，则及模印，系于此者，又有二事。一曰纸墨。先唐传写，竞尚黄纸；北宋印拓，专用白纸。南渡以还，其类愈多。墨则宣城之李、云衢之蔡，并著盛名。两者相资，乃得字润版新，珍重书库也。二曰装潢。竹帛既湮，卷册乃起，于是包角线订，插架可观，蝴蝶旋风，新装弥盛。款式则今古不同，华朴而南北异趣。综是六类，为之遐稽收藏之志，亲访珍闷之家，益以史书之文、杂家之记，条分缕悉，述而不作。非敢衒博，盖将以扬国辉而觇进步，其诸大雅所乐闻者欤？壬子十一月，无锡孙毓修记。

金石刻

金石刻本，似非本文所宜及，然实木刻之先导，不可废也，故首列之。

中国始以文字著书传后，莫备于《尚书》，盖在西人纪元前二千五百年。若太昊十言之教，《左传·定四年》正义引《易》云："伏羲作十言之教。"神农伤害之禁，《群书治要·六韬·虎韬篇》引神农之禁。则在纪元前三千年矣。《三坟书》及《王子年拾遗记》所引诗歌皆伪托，今不具征。其时必有记录之法，以代印刷，年世绵渺，不可得而言。三代之时，方册聿兴，汗青以起，盖截竹为简，而漆字其上，谓之简册。《书序》正义引顾氏曰："策长二尺四寸，简长一(二尺)〔尺二〕寸。"《聘礼》疏引郑君《论语序》："《易》《诗》《书》《礼》《乐》《春秋》，皆二尺四寸。《孝经》谦半之，《论语》八寸策者，三分居一，又谦焉。"其制如此。秦汉之际，竹帛兼施，班《志》所云某书几篇者，竹书也；某书几卷者，帛书也。其后庶业萌兴，简书不易，而盛行笔札矣。鲁共王坏孔子宅，得《尚书》《论语》《孝经》，皆竹简本。卫宏得《尚书》竹简。不凖人于魏安釐王冢得《周书》《穆天子传》《魏国史记》，今名《竹书纪年》。此为中国最古之本，今不可复得。漆简之法，等于雕镂，虽未闻樵印，而实为金石刻之先导。今传世之峋嵝禹碑、比干铜盘，其刻皆用阴文。印章起于秦，独用反文，而金石刻非为摹印之用，故皆正文也。

以人群进化阶级言之，则刻石当在刻金之先，第周秦刻石，大半摩崖，缣素未盛，末由椎拓。至汉灵帝熹平四年，命蔡邕写刻《石经》，树之鸿都，一时车马阗溢，矜为创举，摹拓而归，可成卷帙，则有公诸同好行之久远之意，而益与雕板之事接近矣。唐人已能造版，而犹刻《干禄字书》《阴符经》《千字文》于石，则以去古未远，椎轮大辂，人心未忘，以为木不如石之不朽，故复效之。犹今之铅印、石印行，而雕板之法仍不废耳。

雕 版

世言书籍之有雕版，始自冯道。其实不然，监本始冯道耳。以今考之，吾国雕本，实肇自隋时，行于唐世，扩于五代，精于宋人。

陆深《河汾燕闲录》："隋文帝开皇十三年十二月八日，敕废像遗经，悉令雕版。"

罗振玉《敦煌石室书目》见己酉年《东方杂志》第十期。有太平兴国五年翻雕大隋《永陀罗尼经》残本，左有"施主李知顺"一行，右有"王文沼雕板"一行。

毓修按：吾国雕本，创始于隋，今日已无疑义。《猗觉寮杂记》："雕印〔文〕字，唐以前无之。唐末，益州始有墨本。"其说非矣。胡应麟疑隋世既有雕本，唐文皇胡不扩其遗制，广刻诸书，复尽选五品以上子弟，入弘文馆抄书？见《经籍会通》。不知雕本既行，钞本何必尽废？如明之《永乐大典》，清之《四库全书》，距隋唐已数百年，犹用写本也。

叶令宗《石林燕语》[1]引柳玭《训序》云："中和三年，在蜀阅书肆所鬻字书，率雕本。"

毓修按：唐时刻本，向无著录，不知天壤间竟有其物。近见江陵杨氏藏《开元杂报》七叶，审是唐初雕本，书作蝴蝶装，墨影漫漶，不甚可辨，惟有一叶最完好。壬子年新历五月十五日，《神洲日报》模刻之，叶十三行，行十五字，笔画如唐人写经体。《孙可之集》有《读开元杂报》文，当即指此。而不言是刻本者，盖以当时雕刻书本，久已见惯，故不容为之标出。如系创见，则必详记之矣。且《开元杂报》者，不过杂记逐日朝政，以代钞胥，固非若经典子史之重要。而犹锓梨绣梓，朝行夕布，则其时刻版印书之风，必已大盛。柳玭言坊中雕本，仅有字书，未免所见之不广也。盖隋世所雕，多系佛典，至唐而及他书耳。自后唐以来，至于胜朝，官私镂版，可得而言者，御府则有监本、经厂本、殿本，官司则有衙局诸本，私家则有书塾本、坊本。今依类述之，详见下篇。

毓修又按：隋唐版片，用金用木，今不可考矣。岳珂《九经三传沿革例》有天福铜版本。宋时监本，皆用枣木，麻沙本皆用榕木。近时刻版，精者用枣，

①作者姓名有误，当作"叶梦得"。

劣者用梨、用杨。刻图有用黄杨者,工费最巨。用铜锡铅泥者,则惟活字版有之。此亦雕版中不可不知者,故并及焉。

监　本

监中墨简，始于长兴，历朝皆仿其故事。宋(明)〔朝〕称监，金称弘文院，辽称秘书监，元称编修所、秘(堂)〔書〕监、兴文署，明称南北监、经厂，清称武英殿、古香斋，其为御府所刻，则一也。

《五代史》："后唐明宗长兴三年，宰相冯道、李愚请令判国子监田敏校正《九经》，刻版印卖。"

又："长兴三年二月，中书门下奏请依石经文字，刻《九经》印版，敕令国子监集博士生徒，将西京石经本，各以所业本经，广为钞写，子细校勘；然后雇召能雕字匠人，各部随帙刻印，广颁天下。"

又："长兴三年，命太子宾客马缟等充详勘《九经》官；于诸选人中召能书者，写付雕匠，每日五纸。"

黎庶昌《(尊拙)〔拙尊〕园集·影宋蜀大字本尔雅(跋)〔叙〕》："此书末有'将仕郎守国子四门博士李锷书'一行，为蜀本真面目，最可贵。宋讳阙慎字，其为孝宗后翻刻无疑。按后唐平蜀，明宗命太学博士李锷书《五经》，刊版国子监中，见王明清《挥麈馀录》。《尔雅》在《五经》

外，岂明清家有《五经》，仅举见本所定欤？锷、鹗不同，据此可以计误。”

毓修按：黎氏所见，虽非五代雕本，以其记后唐蜀本渊流，故附著于此。

《天禄(球)〔琳〕琅》：“句中正字坦然，益州华阳人。孟昶时，授崇文馆校书郎，复举进士及第，为〔曹〕、潞二州录事参军，精于字学，古文、篆隶、行草无不工。太平兴国二年，献八体书，授著作佐郎、直史馆，历官屯田郎中(书)。后雍熙三年，敕新校定《说文解字》，牒文称其书宜付史馆，仍令国子监雕为印板，依《九经》书例，许人纳纸模价钱收赎。兼委徐铉等点检书写雕造，无令差讹，致误后人。”

《宋史》：“赵安仁字乐道，河南洛阳人，雍熙二年登进士第，补梓州榷监院判官。会国子监刻《五经正义》板本，以安仁善楷书，遂奏留书之。直集贤院，历官御史中丞，谥文定。”

毓修按：钱大镛《明文在凡例》：“古书俱系能书之士，各随其字体书之，无有所谓宋字也。明季始有书工，专写肤廓字样，谓之宋体。”所见宋元刊本，皆有欧、赵笔意，即坊刻皆活脱有姿态。宋元时官私刊本，多记缮写人姓名，不但刻工也。毓修见麻沙本

《文心雕龙》末刻“吴人杨凤缮写”;《松雪斋集》末刻“至元后己卯良月十日,花谿沈璜伯玉书”。明本亦有书者,所见《说文》末记“秣陵陶正昌写”,《野客丛书》末记“长州吴曜书”。宋元时,刻工姓名皆记于板心,或在上方,或在下方,盖亦古者“物勒工名”之意也;后世刻书省费,刓劂不精,遂亡之矣。意其时必有良工,如近日善写刻宋字之秣陵陶士立、王日华、钱塘陆贞一、黄冈陶子麟者,而记载阒然,不可知矣。

蔡澄《鸡窗丛话》:“尝见骨董肆古铜方二三寸,刻《选》诗或杜诗、韩文二三句,字形反,不知何用。识者曰:‘此名书笵,宋太宗初年,颁行天下刻书之式。’”

按:鲍昌熙《金石屑》载韩文铜笵“《易》奇而法,《诗》正而葩,《春秋》谨严,《左氏》浮夸”四行,张廷济云:“此初刻板本时,官颁是器,以为雕刻模笵。考《韩文》始镌于蜀,则此固当是蜀主所命椠凿者。今蜀刻《石经》,间遇墨本数纸,好事者已矜为至宝,况为梨枣之初祖乎。鲍丈以文、宋丈之山、翁友海琛俱定为书笵。鲍丈云:‘审此文字,惟大宋、小宋家所刻之板,字画方得如此精好。’宋丈今春过余斋,手题是匣云‘蜀椠韩文笵’。”

《玉海·艺文部》:“开运元年三月,国子监祭酒田敏以印本《五经〔文字〕》《〔九经〕字样》二部进,凡一百三十册。”

又:“端拱元年三月,司业孔维等奉敕校勘孔颖达《五经正义》百八十卷,诏国子监镂板行之。《易》则维等四人校勘,李说等四人详勘,又再校,十月板成,以献;《书》亦如之,二年十月以献;《春秋》则维等二人校,王炳等三人详校,邵声隆再校,淳化元年十月板成;《诗》则李觉等五人再校,毕道昇等五人详勘,孔维等五人校勘,淳化三年壬辰四月以献;《礼记》则胡迪等五人详校,纪自成等七人再校,李至等详定,淳化五年五月以献。是年(刊)〔判〕监李至言,《义疏》《释文》,尚有讹舛,宜更加刊定;杜镐、孙奭、崔颐正苦学强记,请命之覆校。至道二年,至请命礼部侍郎李沆、校理杜镐、吴淑、直讲崔渥佺、孙奭、崔颐正校定。咸平元年正月丁丑,刘可名上言,诸经板本多误。上令颐正详校。可名奏《诗》《书》正义差误事。二月庚戌,奭等改正九十四字,沆预政。二年,命祭酒邢昺代领其事,舒雅、李维、李慕清、王涣、刘士元预焉。《五经正义》始毕。”王应麟云:“淳化三年以前,印板召前资官或进士写之。国子监刻诸经正义板,以赵安仁有苍雅之学,奏留书之,逾年而毕。”

毓修案:此为北宋监本《五经正义》之始。其后咸平中,又校刊《七经义疏》,始备九经,朝野皆遵行之。马氏《经籍考·仪礼疏五十卷》载其先公序曰："得景德中官本《仪礼疏》四帙。"百宋一廛得之，黄氏诧为奇中之奇、宝中之宝。天禄琳琅藏《监本附音春秋公羊注疏》，后有"景德二年六月中书门下牒文，奉敕校雠，刊印颁行"。李易安仓皇避寇，而先弃书之监本者，见《金石录序》。则旧监本书，似不甚为当时所重也。

《玉海》："周显德中，二年二月。诏刻序录、《易》《书》《周礼》《仪礼》四经《释文》，皆田敏、尹拙、聂崇义校勘。自是相继校勘，《礼记》《三传》《毛诗音》，并拙等校勘。建隆三年，判监崔颂等上新校《礼记释文》。开宝五年，判监陈鄂与姜融等四人校《孝经》《论语》《尔雅释文》，上之。二月，李昉知制诰，李穆、扈蒙校定《尚书释文》。"王应麟云："德明《释文》用《古文尚书》，命判监周惟简与陈鄂重修定，诏并刻板颁行。"

又："咸平二年十月十六日，直讲孙奭请摹印《古文尚书音义》，与新定《释文》并行，从之。是书周显德六年田敏等校勘，郭忠恕覆定古文，并书刻板。"

又："景德二年二月甲辰，命孙奭、杜镐校定《庄子释文》。"

又："《尔雅音义》（一）〔二〕卷，释智骞所撰，吴铉驳其舛误。天圣四年五月戊戌，国子监请摹印德明《音义》二卷颁行。先是，景德二年四月丁酉，吴铉言国学板本

《尔雅释文》多误，命杜镐、孙奭详定。”

又：“淳化五年七月，诏选官分校《史记》《前》《后汉书》。杜镐、舒雅、吴淑、潘（谟）〔谨〕修校《史记》，朱（節）〔昂〕再校。陈充、（况）〔阮〕思道、尹少连、赵况、赵安仁、孙可校《前》《后汉书》。”

案：此即淳化校刊《三史》。据陈鳣《简庄艺文·元本后汉书跋》，则淳化本卷末有“右奉淳化五年七月二十五日敕重刊正”一行，景德中又加修改。牧翁所藏《前》《后汉书》，比于宝玉大弓者，绍兴末年重刊景德本也，为宋监本中摹印最精者。

《玉海》：“咸平三年十月，校《三国志》《晋》《唐书》，五年毕。乾兴元年十〔一〕月（辛酉）〔戊寅〕，校定《后汉志》三十卷。蒋光煦《东湖丛录》：“吴县黄荛圃主事《读未见书斋书目》有宋刻《后汉书》六十四册八函，有本纪、列传，无志，刘原起本。下注云：‘《曝书亭集·题跋》云：“相传宋孙宣公奭判国子监校勘官书，遂以司马氏《志》入之范《书》中。”虽有是说，未得确证。’癸丑冬季，得宋景祐本《汉书》，卷首有牒文一篇，版心有‘后汉志’字，读之，乃刊《后汉志》牒文也，其年为乾兴元年十一月。”悉与《玉海》合。天圣二年六月辛酉，校《南》《北史》《隋书》，四年十二月毕。嘉祐六年八月，校《梁》《陈》等书镂板，七年冬始集。八年七月，《陈书》始校定。”

毓修案：此即嘉祐校刊诸史。王应麟云："《唐书》将别修，不刻板。"则嘉祐时所毕工者，实七史耳。陆氏（百）〔皕〕宋楼藏宋嘉祐杭州刊本《新唐书》，前有嘉祐五年六月曾公亮进书表，则《唐书》实同时刊行，王氏以其不在国监，故未及之。

《玉海》："咸平六年四月，命杜镐等校《道德经》，六月毕。景德二年二月，校定《庄子》，并以《释文》（之）〔三〕卷镂版。祥符四年，校《列子》，五年四月，上新印《列子》。十月，校《孟子》，七年正月，上新印《孟子》及《音义》。"

毓修案：王氏所举宋监本书止此。其实经部又有《纂图重言重意互注点校毛诗》。吕夏卿监本《荀子》《文选》，诸家簿籍，著录尚多，不遑遍举也。

朱彝尊《经义考》载宋叶梦得语曰："淳化中，以《史记》《前》《后汉书》付有司摹印，自是书籍刊镂者益多。"又载宋李心传语曰："监本书籍者，绍兴末年所刊也。国家艰难以来，固未暇及。九年九月，张彦实待制为尚书郎，始请下诸道州学，取旧监本书籍镂板颁行，从之。然所取者多残缺，故胄监刊《六经》无《礼记》，正史无《汉书》。二十一年五月，辅臣复以为言，上谓（周）〔秦〕益公曰：'监中其他阙书，亦令次第镂板，虽重有所费，不惜也。'由是经籍复全。"

毓修案：此南宋补刊监本之大略也。岳珂言“绍兴初仅取刻板于江南诸州，视京师承平刻本又相远”云云，《〔经〕传沿革例》。殆未之深考耳。

《辽史》：“兴宗二十三年，幸新秘书监。”

毓修按：辽起沙漠，太宗以兵经略方内，礼文之事，多所未备。史记其藏书之府曰乾文阁。虽立秘书监，有无雕版之事，今不可得而知矣。钱曾《读书敏求记》有辽板《龙龛手鉴》，遵王跋云：“‘统和十五年丁酉七月初一癸亥，燕台悯忠寺沙门智光字法炬为之序。’按耶律隆绪统和丁酉，宋太宗至道三年也，是时契丹母后称旨，国势强盛，日寻干戈，唯以侵宋为事。而一时名僧开士，相与探学右文，穿贯线之花，翻多罗之叶，镂板制序，垂此书于永久，岂可以其隔绝中国而易之乎？沈存中言：‘契丹书禁甚严，传入中国者法皆死。’今此本独流传于劫火洞烧之馀，摩挲蠹简，灵光巍然，洵希世之珍也。”后此本流入昭仁殿，《天禄琳琅》著录，亦称为仅见之本。此书虽非官本，以辽世官私刻本，流存至希，故附于此。

《金史》：“章宗明章五年，置弘文院，译写经书。”

毓修按：金弘文院刻本，未见流传。盖所刻多译本,宜乎不见存于中原也。《天禄琳琅·金大定己丑南京路都转运使梁公刊贞观政要》:"此本字宗颜体,刻印精良,与宋版之佳者无异。藏书家知崇宋本,而金版多未之及,盖缘流传实尠,耳目罕经。"聊城杨氏藏金版《道德宝章》详下。

《元史》:"太宗八年六月,立编修所于燕京,经籍所于平阳。世祖至元十年正月,立秘书监,掌图书经籍。二十七年正月,复立兴文署,掌经籍板。文宗天历二年二月,立艺文监,隶奎章阁学士院,专以国语敷译儒书,及儒书之令校雠者,俾兼治之。又立艺林库,专一收贮书籍;广成局,专一印行祖宗圣训。凡国制等书,皆隶艺文监。"

毓修案:王士(默)〔點〕《秘书监志》:"至元十一年,以兴文署隶秘书监,掌雕印文书。三十年,又并入翰林院。"召集良工,刊刻诸经子史板本,以《通鉴》为起端,其板至明初尚在。又刊蒙古文译本,见于《本纪》者,如成宗大德十一年八月刊行《孝经》,武宗至大四年六月刊行《贞观政要》,仁宗时刊行《大学衍义》《列女传》。世祖初年,用许衡言,取杭州在官书籍板及江西诸郡书籍板至京,亦令兴文署掌之。

《明史》:"洪武三年,设秘书监丞,典司经籍。至是从吏部之请，罢之，而以其职归之翰林院典籍。至十五年，又设司经局，属詹事院，掌经史子集制典图书刊辑之事，立正本、副本，以备进览。”

又："洪武十五年，谕礼部：‘今国子监藏板残缺，其命儒臣考补，工部督修之。’二十四年，再命颁国子监子史等书于北方学校。”

（顾）〔顾〕炎武《日知录》："宋时止有《十七史》，今则并《宋》《辽》《金》《元》四史，为《二十一史》。但《辽》《金》二史，向无刻本；《南》《北齐》《梁》《陈》《周书》，人间传者亦罕。故前人引书，多用《南》《北史》及《通鉴》，而不及诸《书》，亦不复采《辽》《金》者，以行世之本少也。嘉靖初，南京国子监祭酒张邦奇等请校刻史书，欲差官购索民间古本，部议恐滋烦扰。上命将监中《十七史》旧板，考对修补，仍取广东《宋史》板付监。按《宋史》为成化十六年两广总督朱英所刻。《辽》《金》二史无板者，购求善本翻刻，十一年七月成，祭酒林文俊等表进。至万历中，北监又刻《十三经》《二十一史》，其板视南稍工，而士大夫遂家有其书。”《金》《元史》洪武初年已有刻本，今行世之南监本《元史》及《金史》，犹仍洪武旧版也，不审亭林何以云《金史》无板也。

黄佐《南雍志·梓刻（书）本〔末〕》："《金陵新志》所载集庆路儒学史书梓数，正与今同。则本监所藏诸梓，多自旧国子学而来，自后四方多以书板送入。洪武、永乐时，两经修补。板既丛乱，旋补旋亡。成化初，祭酒王偁会计之,已逾二万篇。弘治初,始作库供储藏。嘉靖七年,锦衣卫闲住千户沈麟奏准校刊史书,礼部议以祭酒张邦奇、司业江汝璧学博才裕,使将原板刊补。其广东原刻《宋史》,差取付监。《辽》《金》二史,原无板者,购求善本翻刻,以成全史。邦奇等奏称《史记》《前》《后汉书》残缺模糊,剜补易脱,莫若重刻。后邦奇、汝璧迁去,祭酒林文俊、司业张星继之,乃克进呈。”

丁丙《善本书室藏书志·明南监二十一史》:“万历以来,相隔又数十年,不得不重新镂板,皆非旧监之遗矣。尚有小字本《史记》,元刊明修《三国志》,则无从并收汇列也。”《元史》:“太宗十二年九月,以伊(宝)〔实〕特穆尔为御史大夫,括江南诸群书板及临安秘书省书籍。”《明史》:“太祖洪武元年八月,大将军徐达入元都收图籍。”是宋元监造墨板,尽入南监。《南雍志》所谓“本监所藏诸梓,多自旧国子学而来”,今行世之宋雕明修、元雕明修诸本之所由来也。又云:“北监《二十一史》,奉敕重修者,祭酒吴士元、司业黄锦也。自万历二十四年开雕,阅十有一载,至三十四年竣事,皆从南监本缮写刊刻。虽行款较为整齐,究不如南监之近古且少讹字。”

《钦定日下旧闻考》引《天下书目》:“北京国子板书,有《丧礼》一千六百八十二片,《类林诗集》六十三片,《西林诗集》三十片,《青云赋》五十片,《字苑撮要》一百二十七片,《韵略》四十五片,《珍珠囊》八十二片,《(至)〔玉〕浮屠》十七片,《孟四元赋》一百十三片。”原

注:“此所载明代书板藏之国学者,今皆散佚无存矣。”

《明史·艺文志》:“明御制诗文,内府镂板。”

刘若愚《酌中志·内板经书记略》:“凡司礼监经厂库内所藏祖宗累朝传遗秘典书籍,皆提督总其事,而掌司监工分其细也。自神庙静摄年久,讲幄尘封,右文不终,官如传舍,遂多被匠夫厨役偷出货卖。拓黄之帖,公然罗列于市肆中,而有宝图书,再无人敢诘其来自何处者。或占空地为圃,以致〔板〕无晒处,湿损模糊,甚至劈毁以御寒,去字以改作。即库中见贮之书,屋漏浥损,鼠啮虫巢,有蛀如玲珑板者,有尘霉如泥板者,放失亏缺,日甚一日。若以万历初年较,盖已什减六七矣。既无多学博洽之官,综核齐理;又无簿籍书目可考,以凭销算。盖内官发迹,本不由此,而贫富升沉,又全不关乎贪廉勤惰。是以居官经营者,多长于避事,而鲜谙大体,故无怪乎泥沙视之也。然既属内廷库藏,在外之儒臣又不敢越俎条陈。曾不思难得易失者,世间书籍为最甚也。昔周武灭商,《洪范》访自箕子;晋韩起聘鲁,见《易象》《春秋》,曰:‘周礼尽在鲁矣。’今将有用图书,尽掷无用之地,岂我祖求遗书于天下、垂典则于万世之意乎?想在天之灵,不知如何其(惘)〔惘〕然,(何如)〔如何其〕叹息也。今上天纵英明,右文图治,倘一旦(请)〔清〕问祖宗历来所存书籍几何,或亲临库际稽览,不审当局者作何置对,其亦未之深思耳。祖宗设内书堂,原欲于此陶铸真才,冀得实用。按《古文真宝》《古文精粹》二书,皆出老学究所选,累臣欲求大方

〔于〕明白上水头古文选为入门，再将弘肆上水头古文选为极则；起自《檀弓》，选《左》、《国》、《史》、《汉》、诸子，共什七八，唐宋什二三，为一种；再将洪武以来程墨垂世之稿，亦选出一半为入门，一半为极则，亦为一种。四者同成二帙，以范后之内臣，奏知圣主，发司礼监刊行，用示永久，不知得遂志否也。皇城中内相学问，读《四书》《书经》《诗经》，看《性理》《通鉴节要》《千家诗》《唐贤三体诗》，习书柬活套，习作对联，再加以《古文真宝》《古文真粹》，尽之矣。十分聪明有志者，看《大学衍义》《贞观政要》《圣学心法》《纲目》，尽之矣。《说苑》《新序》，亦间及之。《五经大全》《文献通考》，涉猎者亦寡也。此皆内府有板之书也。先年有读《等韵》《海篇》部头，以便检查难字，凡不知典故难字，必自己搜查，不惮疲苦。至于《周礼》《左传》《国语》《国策》《史》《汉》，一则内府无板，一则绳于陋习，概不好焉，盖缘心气高满，勉强拱高，而无虚己受善之风也。《三国志通俗演义》《韵府群玉》，皆乐看爱买者也。除古本抄本杂书不能开（编）〔徧〕外，按现今有板者，谱列于后，即内府之经书则例也。”

毓修按：刘若愚所列内板书目，凡一百六十馀部，与周弘祖《古今书刻》所载，互有不同。

丁丙《善本书室藏书志·明正统司礼监刊仪礼识

误》[①]："明正统间，英宗谕旨，以《五经》《四书》经注书坊本讹误者多，命司礼监誊写刊印，以取便于观览。其版行宽字大，模印颇精。"王士禛《带经堂集·请修经史刻版疏》："查明代南、北两雍，皆有《十三经注疏》《二十〔一〕史》刻板。今南监版存否完缺，久不可知，惟国学版庋置御书楼。此版一修于前朝万历二十三年，再修于崇祯十二年，自本朝定鼎，迄今四十余载，漫漶残缺，殆不可读。所宜及时修补，庶几事省功倍。至于南监经史旧版，并请敕下江南督抚查明。如未经散佚，即由该省学臣收贮儒学尊经阁中，储为副本。"

《啸亭续录》："崇德四年，文庙患国人不识汉字，命巴克什达文成公海翻译国语《四书》及《三国志》各一部，颁赐耆旧，以为临政规范。定鼎后，设翻书房于太和门西廊下，拣择旗员中谙习清文者充之，无定员。凡《资治通鉴》《性理精义》《古文渊鉴》诸书，皆翻译清文刊行。"

吴长元《宸垣识略》："武英殿在熙和门西，南向，崇阶九级，环绕御河，跨石桥三。前为门三间，内殿宇前后二重，皆贮书板。北为浴德堂，即修书处。其后西为井亭。"

《钦定日下旧闻考》："国子监彝伦堂后为御书楼，内尊藏《圣祖御制文集》《世宗御制文集》板，及御纂诸经，《十三经》《二十二史》各板本皆贮焉。"

---

①出处有误，当出自《丁志·明正统司礼监刊本周易》。

毓修案：武英殿刻书，未知始于何时。今考《御定全唐诗》及《历代诗馀》皆刊于康熙四十五六年，而何义门在康熙四十二年已拜兼武英殿纂修之命，则其事当不始于乾隆。今考《东华录》正续，乾隆朝在武英殿开雕书籍，见诸谕旨者：三年雕《十三经注疏》，四年《明史》雕成，续雕《廿一史》，十年雕《明纪纲目》，十一年雕《国语解》，十二年雕《三通》，四十八年雕《相台五经》。武英殿丛书，详见活字本。《啸亭杂录》："列圣万几之暇，博览经史，爰命儒臣选择简编，亲为裁定，颁行儒(宫)〔官〕，以为士子模范。"今按《皇朝通考》及刘锦藻《皇朝续通考·艺文志》所载，当时钦定御制书名，凡经类二十六部，史类六十五部，子类三十六部，集类二十部，凡一百四十七部，大半镂版于内府。中如《西清续鉴》《宁寿(宫)〔古〕鉴》藏稿未刊，《天禄琳琅》刊于湖南书局，《全唐文》刊于扬州，其馀不能悉知也。古今刻书之多，未有若胜朝者也。古香斋袖珍本十种，当亦于武英殿雕造。

官本书塾本

雕板初兴，坊肆未盛。宋元以来，坊肆盛矣，而贾人本射利之心，贻豕亥之误，是不得不官中雕刻，以扶斯文于不敝。故他种营业，鲜闻官与商并立者；有之，独印书业也。书塾本亦同此意，故并著之。北宋官刊，莫不字画清朗，体兼颜欧，非麻沙坊本所能及云。

《中兴馆阁续录》："秘书郎莫叔光上言：'今承平滋久，四方之人，益以典籍为重。凡搢绅家世所藏善本，外之监司郡守，搜访得之，往往锓板，以为官书，其所在各板行。'"

李心传《朝野杂记》："王瞻叔为学官，常请摹印诸经疏及《经典释文》，贮郡县以赡学。"

《中兴馆阁续录》："搜访库有诸州印板书籍六千九十八卷，一千七百二十一册。"

《朱子大全集》："按唐仲友状，蒋辉供去年三月内，唐仲友叫上辉，就公使库开雕《扬子》《荀子》等印板，辉共王定等一十人在局开雕。"

毓修按：宋本书有序录牒衔，可灼然知为官本者，如耿秉槧本《史记》，淳熙丙申，张（杆）〔杅〕介（文）〔父〕守桐川，以蜀小字本《史记》改写中字，刊于郡斋，而削褚少孙所补；赵山甫为守，取褚少孙书，别刊为一帙；淳熙辛丑，耿秉为郡，复以褚书依次第补刊之。湖北庾司本《汉书》，绍兴初刊于湖北盐茶提举司；淳熙二年，梅世昌为提举，版已漫漶，命三〔山〕黄杲升、宜兴沈纶言重校刊二百二十七版；庆元二年，梁季秘为守，又命郭洵直重刊一百七十版。绍兴时，蜀中刻《七史》，谓之"眉山七史"。《读史管见》，前有淳熙壬寅佥书平海军节度使判官孙胡大正序："此书淳熙以前无刊本，至大正官温陵，始刊于州治之中和堂。"其后嘉定十一年，其孙某守衡阳，刊于郡斋；江南（寅）〔宣〕郡亦有刊板；入元，板归兴文署，学官刘安卿重刊之。《贾子新书》，淳熙辛丑，程给事为湖南漕使，刊置潭州之学。《真西山读书记》，丁集末有监雕福清县学主张奎等衔名。《春秋左氏传音义》，宋嘉定时兴国学刊本，兴国军隶江南西路，亦江西诸郡书版也。《春秋分记》，宋淳祐三年，程公许宜春刻是书于郡斋。《四书》，咸淳癸酉，衢守长沙赵琪刊于郡庠，每版中有"衢州官书"四字。《事类赋》，前有绍兴丙寅右迪功郎差监潭州南岳庙边惇德序，称荥阳郑公将命东浙，以所藏《事类赋》善本俾镂版。《书集传》后有"泰定丁卯阳月，梅溪书院新刊”牌子。以上数书,百不尽一,聊以举似焉尔。宋人簿录,兼明版本者,独尤氏遂初堂为然。今为考之,于当时官司雕本,可知其略也。按尤氏著录,有杭本《周易》《周礼》《公羊》《榖梁》,旧监本《尚书》《礼记》《论语》《孟子》《尔雅》《国语》,京本《毛诗》,江西本《九经》,川本《史记》《前汉书》《后汉书》《三国志》《晋书》,严州本《史记》,吉州本《前汉》,越州本《前汉》《后汉》,湖北本《前汉》,杭州本《旧唐书》,川本小字、大字《旧唐书》,川本大字《通鉴》、小字《通鉴》。岳(河)〔珂〕《九经三传沿革例》独详经部,其所举自建〔安〕余氏、兴国于氏外,有监、蜀、京、杭本、晋天福铜版本、京师大字旧本、绍兴初监本、监中见行本、蜀大字旧本、蜀学重刻大字本、中字本,又有句读附音本、潭州旧本、抚州旧本、建大字本、俗谓《无比九经》。婺州旧本、越中旧本。陆心源谓蜀本皆(本)〔大〕字疏行,监本比川本略小,建本字又小于监本,而非巾厢,婺本款格略小。孙庆增《藏书纪要》:“宋刻有数种,蜀本、太平本、临安书棚本、书院学长刻本、士绅请刻本、各家私刻本、御刻本、麻沙本、茶陵本、盐茶本、释道二藏刻本、铜字刻本、活字本,诸刻之中,惟蜀本、临安本、御刻本最精。又有元翻宋刻本、明翻宋刻本、金辽刻本。诸家所述,各处雕本,以近考之,率以官刻为多,用为详引,以见有宋一代,用公库钱刻书之流风馀韵焉。”

《金史》:"金太宗八年六月,立经籍所于平阳,刊行经籍。"

> 毓修按:金初以平阳为次府,置建雄军节度使。天会六年,升总督府,置转运使,为上府。衣冠文物,甲(子)〔于〕河东,故于此设局刊书,一时坊肆,亦萃于此。至于元代,其风未衰,亦河北之麻沙、建阳也。

《楹书隅录·金本新刊礼部韵略》:钱大昕跋云:"向读昆山顾氏、秀水朱氏、萧山毛氏、毗陵邵氏论韵,谓今韵之并,始于平水刘渊。其书名《壬子新(刻)〔刊〕礼部韵略》,访求藏书家,邈不可得。未审刘渊何许人,平水何地也。顷吴门黄荛圃孝廉得平水《新刊韵略》元椠本,急假归读之,前载正大六年许道真序,知此书为平水书,王文郁所定。卷末有墨图记二行,其文云:'大德丙午重刊新本,平水中和轩王宅印。'是此书刊刻于金正大已丑,重刊于元大德丙午。'中和轩王宅',或即文郁之后耶?许序称'平水书籍王文郁',初不可解。顷读《金史·地理志》,平阳府有书籍,其倚郭平阳有平水,是平水即平阳也。按《汉书·地理志》,尧都平水之阳。金时或以平阳近水之处谓之平水也。史言'有书籍'者,盖置局设官于此。元太宗八年,用耶律楚材言,立经籍所于平阳,当是因金之旧。然则'平水书籍'者,殆文郁之官称耳。"

毓修按：平水为金元时官民雕板之所。《道德宝章》卷尾有木记题："金正大戊子，平水中和轩王宅重刊。"《重修证类本草》为金泰和甲子刊本。平阳张存惠因解人庞氏本，附以寇氏《衍义》，订辑重刊《证类本草增附衍义》，后署"大德丙午，平水许宅印"。《尔雅注》序后有木记，序录刻书原委，末署"大德己亥，平水曹氏进德斋谨志"。《论语注疏解经》有"平阳府梁宅刊""尧都梁宅刊"字样。

《元史》："仁宗朝，集贤大学士库春言：'唐陆淳著《春秋传例》《辨疑》《微旨》三书，有益后学，请江西行省锓梓以广其传。'从之。"

倪灿《宋史艺文志补·序》："郡邑儒生之著述，多由本路进呈，下翰林看详可传者，命江浙行省或所在各路儒学刊行。故何、王、金、许之书，多赖以传。鄱阳马氏《通考》且出于羽流之荐达，可谓盛矣。"

毓修按：元时官本，河北则仍金源之旧，设局平阳。河南则杭州、绍兴、平江、信州、抚州诸路刊印最多。其本多冠以皇帝圣旨里云云。有题西湖、刊《国朝文类》。圆沙、刊《唐韵》。南山刊《唐韵》。书院者，疑是坊名也。

元瑞州路学刊本《隋书》欧乡周自周序："曩予录庐

陵乡校,有《史记》《东汉书》而无《西汉》。及长鹭洲书院,则有《西汉》一书而已。尝叹安得安西书院所刊经史,会为全书。今教瑞学,有《通鉴》全文,又在《十七史》外。至顺壬申夏,□奉□省宪命,备儒学提举。高承事言,《十七史》书,书本极少。江西学院惟吉安有《史记》《东》《西汉书》,赣学有《三国志》,临江路学《唐书》,抚学《五代史》,馀缺《晋书》《南史》《北史》《隋书》。若令龙兴路学刊《晋书》,建昌路学刊《南》《北史》,瑞州路学刊《隋书》,便如其请,俾行之毋怠。府委录事欧阳将仕同召匠计工,周教授专校勘刊雕,提举司令自寻善本。本学首访到建康本《十七史》内《隋书》,考订未免刻画粗率,句字差讹。后得袁赵氏本颇善,今所校定,又千有馀字。"

陆心源《皕宋楼书目》:"元本《北史》有大德丙午建康道牒。诸路刊史,两《汉》则太平路,《三国志》则池路,《隋书》则瑞州路,《北史》则信州路,《唐书》则平江路。此元时分刻诸史之大略也。"

袁〔漫〕恬《书隐丛(话)〔说〕》:"官书之风,至明极盛。内而南北两京,外而道学两署,无不盛行雕造。官司至任,数卷新书,与土仪并充馈品,一时有书帕之谚。数年去任,未刻一书,则俗吏之称,随其后矣。"

毓修按:明时官司衙署刊本目录,详见周弘祖《古今书刻》,兹不复举。明祖分封诸王,各赐宋板书籍,其后诸王皆能于养尊处优之馀,校刊古籍,模印精审,至今见称。如臞仙、月窗、南山、冰雪,以及沈、唐、潞、晋,皆其选也。胜朝二百七十年中,官署、学校刻书甚盛,两淮、武林所刻尤多。书院本以江阴南菁所刻为多,广州粤雅堂书版后皆并入书局。

况周仪《蕙风簃二笔》:"咸丰十一年八月,曾文正克复安庆,部署粗定,命莫子偲大令采访遗书。既复江宁,开书局于冶城山,此江南官书局之俶落也。"

毓修按:自同治己巳,江宁、苏州、杭州、武昌同时设局后,淮南、南昌、长沙、福州、广州、济南、成都继起,所刻四部书,亦复不少矣。

《五代史·和凝传》:"集百馀卷,自镂板行世。"

王明清《挥麈录》:"蜀相毋公,蒲津人。先为布衣,尝从人借《文选》《初学记》,多有难色。公叹曰:'恨余贫,不能力致!他日稍达,愿刻板印之,庶及天下学者。'后公果显于蜀,乃曰:'今可以酬夙愿矣。'因命工日夜雕板,印成二书。复雕《九经》、诸史,两蜀文字,由此大兴。洎蜀归宋,豪族以财贿祸其家者什八九。会艺祖好书,命使尽取蜀文集诸印本归阙,忽见卷尾有毋氏姓名,以问欧阳炯。炯曰:'此毋氏家钱自造。'艺祖甚悦,即令以板还毋氏。是时其书遍于海内。初在蜀雕印之日,众嗤笑。后家累千金,子孙禄食,嗤笑者往往从而假贷焉。左拾遗孙逢吉详言其事如此。”

毓修按：世言昭裔始创雕板，其实家塾本始于昭裔，犹监本之始于冯道也。

周密《癸辛杂识》：“贾师宪选十三朝国史、会要、诸杂说，如曾慥《类说》例，为百卷，名《悦生堂随钞》。版成未及印，其书遂不传，其所援引多奇书。廖群玉诸书，则始《开景福华编》，备载江上之功，事虽夸而文可采，江子远、李祥父诸公皆有跋。《九经》本最佳，凡以数十种比较，百馀人校正而后成。以抚州萆钞纸、油烟墨印造，其装池至以泥金为签。然或者惜其删落诸经注，反不若韩柳文为精妙。又有《三礼节》《左传节》《诸史要略》及建宁所开《文选》。其后又欲开手节《十三经注疏》、姚注《战国策》、《注坡诗》，皆未及入梓，而国事异矣。”

毓修按：宋时家刻善本，传者颇多，如相台岳氏珂刻《五经》，《天禄琳琅书目》：“岳珂乃飞孙，本相州汤阴人，故以相台表望。南渡后，徙常州，今宜兴有珂父霖墓，故家塾以荆谿为名。”眉山程舍人家刻《东都事略》，建安黄善夫、三衢蔡梦弼刻《史记》，永嘉陈玉父刻《玉台新咏》，寇约刻《本草衍义》，崔尚书宅刻《北礀文集》，祝穆刻《方舆胜览》，皆博采善本，手较异同，非率尔雕印者。元人家塾本，如花溪沈伯玉家所刻之《松雪斋集》,字仿文敏,摹刻最精。

孙庆增《藏书纪要》:"洪武、永乐间所刻之书,尚有古意。至于以下之板,更不及矣。况明季刻本甚繁,自南北监板以至藩邸刻本、御刻本、钦定本、各学刻本、各省抚按等官刻本,又有闽板、浙板、广板、金陵板、太平板、蜀板、杭州刻本、河南刻本、延陵板、袁板、樊板、无锡安氏板、坊板、凌板、葛板、陈明卿板、内监厂板、陈眉公板、胡文焕板、内府刻本、闵氏套板,所刻不能悉数。惟有王板翻刻宋本《史记》之类为最精。北监板、内府板、藩板行款字脚不同。袁板亦精美,较之胡文焕、陈眉公所刻之书多而不及。各家私刻之书,亦有善本可取者,所刻好歹不一耳。稚川凌氏与葛板无错误,可作读本。独有广、浙、闽、金陵刻本最恶而多。陈明卿板、闵氏套板亦平常。汲古阁毛氏所刻甚繁,好者亦仅数种。"

毓修按:明代家刻,除孙氏所引外,其著者尚有东吴郭云鹏、所刊有李、杜、韩、柳、欧阳诸集。汪文盛、刊两《汉书》等。阳山顾元庆、刊《顾氏文房小说》,黄荛圃称为善刻书者。嘉禾项子京笃寿堂、刊《东观馀论》。昆山叶氏菉竹堂、刊《拾遗记》。苏州世德堂顾氏。刊《六子全书》及《拾遗记》。收藏之家,有择古本重雕,合成丛书者。宋元之间,俞鼎(臣)〔孙〕有《儒学警悟》,左禹锡有《百川学海》,自刊自卖,实为程荣辈之先导。

若虞山汲古阁毛晋及其季子扆，独刻书至百种，可谓盛矣。清朝收藏之士，更喜刻书，仿宋元本，有绝精者。校勘之勤，更非元明所及。如歙县鲍廷博之知不足斋、广州伍崇曜之粤雅堂，皆以私家之力，而刻书至数百种。若刻至数十种者，尤数见不鲜云。

坊刻本

贾人设肆雕板，印卖书籍，成一商业，始于唐季建安余氏。宋高文虎《蓼花洲闲录》载："祥符中，西蜀二举人至剑门张恶子庙祈梦。梦神授以来岁状元赋，以'铸鼎象物'为题。至御试，题果出《铸鼎象物赋》，韵脚尽同。思庙中所书，一字不能上口，草草信笔而出。及唱名，皆被黜，状元乃徐奭也。既见印卖赋，比庙中所见者，无一字异。"观此知宋初坊肆林立，已印卖新状元赋，如后来乡试会试卷之风矣。

赵希鹄《洞天清禄集》："镂板之地有三：吴、越、闽。"

毓修按：宋时书肆主人及其牌号，今可知者，如绍兴时王氏梅溪精舍、魏氏仁宝书堂、蒋辉、见《朱子大全集·按唐仲友文》。秀岩书堂、《增修互注礼部韵略》后有"太岁丙午仲夏，秀岩书堂重刊"牌子。瞿源蔡潜道宅墨堂、刊《管子》。广都裴宅、《天禄琳琅》："《文选》昭明序后有'此集精加校正，绝无舛误，见在广都县北门裴宅印卖'木记。考《一统志·四川统部表》载益州蜀郡，东晋分成都，置怀宁、始康二郡，又分广都县，置宁蜀郡。是广都县之称，得名最古。宋时镂版，蜀最称善。此本字体结构谨严，镌刻工整，洵蜀刊之佳者。木记应是当时裴姓书肆所标，亦廖世綵堂之例也。又一部云：'此集精加校正，绝无舛误，见在广都县北门裴宅印卖。'书末刻记：'河东裴氏考订诸大家善本，命工锓于宋开庆辛酉季夏，至咸淳甲戌仲春工毕，把总镌手曹仁。'"稚川世家传梫堂、《司马氏书仪》光宗壬子刊本，有墨图记曰"传梫书堂"、曰"稚川世家"。建安刘日省三桂堂，嘉祐时建邑王氏世翰堂、《史记索隐》末卷载"嘉祐二年，建邑王氏世翰堂镂版"。建安王懋甫桂堂、《选青赋笺》目录后有"建安王懋甫刻梓于桂堂"。建安郑氏宗文堂、《重刊大广益会玉篇》。建宁府王八郎书铺、刊《钜宋广韵》。建安虞平斋务本书坊、见《增刊校正王状元集注分类东坡先生诗》。建安慎独斋，《东莱先生晋书详节》。独建安余氏创业于唐，历宋、元、明不替，用为详征如下，以志书林之盛事云。

《九经三传沿革例》："《九经》世所传本，以兴国于氏、建安余氏为最善。"逮详考之，余本间不免误舛，不足以言善也。

《天禄琳琅续编·仪礼图》："是本序后刻'崇化余志安刊于勤有堂'。按宋板《列女传》载'建安余氏靖安刻于勤有堂'，乃南北朝余祖焕始居闽中，十四世徙建安书林，习其业。二十五世余文兴以旧有勤有堂之名，号勤有居士。盖建安自唐为书肆所萃,余氏世业之,仁仲最著。岳珂所称建安余氏本也。"

又:"《礼记》每卷有'余氏刊于万卷堂',或'余仁仲刊于家塾'。"

王先谦《续东华录》:"乾隆四十年正月丙寅,谕军机大臣等:'近日阅米芾墨迹,其纸幅有"勤有"二字印记,未能悉其来历。及阅内府所藏旧板《千家注杜诗》,向称为宋椠者,卷后有"皇庆壬子余氏刊于勤有堂"数字。皇庆为元仁宗年号,则其板似元非宋。继阅宋板《古列女传》,书末亦有"建安余氏靖安刊于勤有堂"字样,则宋时已有此堂。因考之宋岳珂《相台家塾》,论书板之精者,称"建安余仁仲",虽未刊有堂名,可见闽中余板,在南宋久已著名,但未知北宋时即行勤有名堂否。又他书所载,明季余氏建板犹盛行,是其世业流传甚久。近日是否相沿,并其家刊书始自北宋何年,及勤有堂名所自,询之闽人之官于朝者,罕知其详。若在本处查考,尚非难事。着传谕钟音,于建宁府所属,访查余氏子孙,现在是否尚习刊书之业,并建安余氏自宋以来刊行书板源流,及勤有堂昉于何代何年,今尚存否,或遗迹已无可考,仅存其名,并其家在宋时曾否造纸,有无印记之处。或考之志乘,或征之传闻,逐一查明,遇便覆奏。此系考订文墨旧闻,无关政治,钟音宜选派诚妥之员,善为询访,不能稍涉张皇,尤不得令胥役等借端滋扰。将此随该督奏摺之便,谕令知之。'寻据奏:'余氏后人余廷勷等呈出族谱,载其先世自北宋迁建阳县之书林,即以刊书为业。彼时外省板少,余氏独于他处购选纸料,印记“勤有”二字,纸版俱佳,是以建安书籍盛行。至勤有堂名,相沿已久。宋理宗时,有余文兴号勤有居士,亦系袭旧有堂名为号。今余姓见行绍庆堂书集,据称即勤有堂故址,其年代已不可考。’”

毓修按:余氏勤有堂名之外,别有双桂堂、三峰书舍、广勤堂、万卷堂、勤德书堂等名。诸余有靖安、亦作靖庵。唐卿、志安、仁仲诸人,盖皆余氏之宗人也。《平津馆鉴藏记》:“《千家集注分类杜工部集》及《分类李太白集》皆有‘建安〔余氏〕勤有堂刊’篆书木记。别一本则将此记削去,而易以‘汪谅重刊’字样。”[①] 岂余氏入明,族浸式微,以旧版片售与汪谅者欤?

祝穆《方舆胜览》:“建宁府土产书籍行四方。”注:“麻沙、崇化两坊产书,号为图书之府。”

《福建省志·物产门》:“书籍出建阳麻沙、崇化二坊。麻沙书坊元季毁。今书籍之行四方者,皆崇化书坊所刻者也。”又:“建安,朱子之乡,士子侈说文公,书坊之书盛天下。”

①按《平津馆鉴藏记》仅著录建安余氏勤有堂刊《分类补注李太白诗》,作者误记。此段记载实出《天禄琳琅书目》。

毓修按：建宁，今福建建宁府地，宋时领县（七）〔六〕：建安、浦城、嘉禾、松溪、崇安、政和。麻沙、崇化，盖建安厢坊之名。余氏书铺在崇化，不在麻沙，至正刊《大唐律书》后有记云“崇化余志安刊于勤有堂”，可证也。又称崇川，《新纂门目五臣音注杨子法言》有“崇川余氏家藏”云云。或以祝氏云坊，遂指麻沙、崇化为宋时坊肆，误矣。

朱子《嘉禾县学藏书记》：“建阳麻沙板本书籍行四方者，无远不至。而学于县之学者，乃以无书可读为恨。今知县事姚始鬻书于市，上自六经，下及训传、史记、子集，凡若干卷，以充入之。”

周亮工《书影》引岳亦斋说：“康伯可《顺庵乐府》，今麻沙尚有之。麻沙属建阳县，镌书人皆在麻沙一带。”

毓修按：麻沙坊本，流传后世者甚多，有牌子可考者，如俞成元德、见宋麻沙本《草堂诗笺》。阮仲猷种德堂、《春秋经传集解》末有印记云“淳熙柔兆君滩仲夏初吉，闽县阮仲猷”，《说文解字韵谱》末有墨印“丙辰菖节，种德堂刊”。刘氏南涧书堂。《书集传》后有“麻沙刘氏南涧书堂刊”牌子。

《老学庵笔记》：“三舍法行时，有教官出《易》义题云：‘乾为金，坤又为金，何也？’诸生乃怀监本至帘前请曰：‘先生恐是看了麻沙板，若监本则“坤为釜”也。’”《石林燕语》亦有此则。又云：“今天下印书，以杭州为上，蜀本次之，福建最下。京师比岁印板，殆不减杭州，但纸不佳。蜀与福建，多以柔木刻之，取其易成而速售，故不能久。”①

《经籍访古志》：“《方舆胜览》书首有咸淳二年六月福建转运使司禁止麻沙书坊翻板榜文。”

建阳麻沙本《杨子》序后有印记：“本宅今将监本《四子》纂图互注，附入重言重意，精加校正，(並)〔兹〕无讹谬，誊作大字刊行，务令学者得以参考，互相发明，诚为益之大也。建安空三字。谨(启)〔咨〕。”

施可斋《闽杂记》：“麻沙书板，自宋著称。明宣德四年，衍圣公孔彦缙以请市福建麻沙板书籍咨礼部，尚书胡濙奏闻，许之，并令有司依值买纸摹印。弘治十二年，敕福建巡按御史厘正麻沙书板。嘉靖五年，福建巡按御史杨瑞、提督学校副使邵(说)〔诜〕请于建阳设立官署，派翰林春坊官一员监校麻沙书板。寻命侍读汪佃领其事，皆载礼部奏稿，是明时麻沙书且官监校矣。今则市屋数百家，无一书坊。或言建阳、崇安接界处有书坊村，所印之书，讹脱舛漏，纸甚丑恶。数百年擅名之处，不知何时降至此也。”

方回《瀛奎律髓》：“陈起，睦亲坊开书肆，自称陈道

---

① “又云”以下原作大字，然此段记载见《石林燕语》，不见《老学庵笔记》，故改为小字。

人，字宗之，能诗，凡江湖诗人皆与之善，尝刊《江湖集》以售。宗之诗有云：‘秋雨梧桐皇子府，春风杨柳相公桥。’哀济邸而诮弥远也。或嫁其语于敖器之，言者论列，劈《江湖集》板，宗之坐流配。”此事亦见周密《齐东野语》。戴表元《题孙过庭书谱后》：“杭州陈道人家印书，书之疑处，率以己意改令谐顺，殆是书之一厄。”

杨复吉《梦阑琐笔》：“陈思汇刻《群贤小集》，自洪迈以下六十四家，流传甚罕。鲍以文诗云：‘大街棚北睦亲巷，历历刊行字一行。喜与太丘同里闬，芸编重拟续芸香。’注云：‘陈解元诗名《芸香稿》，子名续芸。’”

《楹书隅录》：“钱心湖先生跋所藏《棠湖诗稿》云：‘卷末称“临安府棚北大街陈氏印行”者，即书坊陈起解元也。(贾)〔曹〕斯栋《稗贩》以《南宋群贤遗集》刊于临安府棚北大街者为陈思，而谓陈起自居睦亲坊。然余所见名贤诸集，亦有称“棚北大街睦亲坊陈解元书籍铺印行”者，是不为二地。且起之字芸居，思之字续芸，又疑思为起之后人也。’《天禄琳琅续志》云：“陈思为起之子。”予按《群贤小集》，石门顾君修已据宋本校刊，亦疑思为起之子。思又著有《宝刻丛编》，尤为渊博。盖南宋时临安书肆有力者，往往喜文章，好撰述，而江钿、陈氏，其最著者也。”

钱大昕《艺圃搜奇跋》：“元末钱唐陈世隆彦高、天台徐一夔大章避兵檇李，相善。彦高箧中携秘书数十种，检有副本，悉以赠大章，汇而编之，世无刊本。”

《天禄琳琅·容斋随笔》：“目录后记‘临安府鞔鼓桥

南河西岸陈宅书籍铺印’。考《杭州府志》，鞔鼓桥属仁和县境，今桥名尚沿其旧，与洪福桥、马家桥相次，在杭州府城内西北隅。按魏了翁《鹤山集·书苑精华序》云：‘临安鬻书人陈思，集汉魏以来论书者为一编，最为该博。’又《南宋六十家小集》，亦陈思汇编，书尾皆识‘临安府棚北大街陈氏书籍铺刊行’。《瀛奎律髓》注：‘临安又有卖书者，号小陈道人。’据此则当时临安书肆，陈氏多有著名。惟陈思在大街，陈起在睦亲坊，即今弼教坊，皆非鞔鼓桥之书铺也。”

叶名澧《桥西杂记》：“宋钱唐陈思著《宝刻丛编》，以记所见金石文字。临安陈起喜与文士交，刻六十二家诗，为《江湖小集》。”

又：“陈思《宝刻丛编前序》有‘陈思道人’之语。张氏金吾《爱日精庐藏书志》卷七‘宋刻《释名》残本四卷’前有‘临安府陈道人书籍铺刊行’计十一字。按书贾称道人，今久不闻，亦不知何意。”

毓修按：陈思所撰刻书，有《小(名)〔字〕录》《海棠谱》，今皆存，又刻《唐人小集》数十家。

《皕宋楼藏书志》：“《宋诗拾遗》二十三卷，旧钞本，元钱唐陈世隆彦高选辑。按世隆，书贾陈思之从孙。”

《志雅堂杂钞》：“先子向寓杭，收异书。太庙前尹氏，尝以《采画三辅黄图》一部求售，每一宫殿，各绘画成图，甚精妙,为衢人柴氏所得。”

《读书敏求记》:“《茅亭客话》十卷,元祐癸酉西平清真子石京募工镂板,此则尹家书籍铺刊行本也。”

《士礼居题跋记》:“《续幽怪录》四卷,临安府太庙前尹家书籍铺刊行本也。《茅亭客话》,遵王记之,而此书绝未有著于录者,可云奇秘矣。”毓修所见尚有康骈《剧谭录》,亦尹家书籍铺印行。

毓修按:金元二朝官设书籍于平水,一时坊肆,亦聚于是。其他吴、越、闽三处之盛,亦不减于宋。如杭州有刘世荣、大德十年刊《疯科集验方》。勤德堂、《皇元风雅》后有“古杭勤德堂谨咨”云云。万卷堂董氏、翠岩精舍。刊郎注《陆宣公奏议》《大广益会玉篇》。安成有彭寅翁、中统本《史〔记〕》后有牌子“安成郡彭寅翁刊于崇道〔精舍〕”[①]。玉融书堂、刊《增广事类氏族大全》。刘氏日新堂,至正丙(辰)〔申〕刊《韵府》,后戊寅刊《春秋集传释义》。此皆有牌子可据,馀不能悉也。

胡应麟《经籍会通》言明时刻书綦详,胡氏略谓:“今海内书,凡聚之地有四:燕市也,金陵也,阊阖也,临安也。闽、楚、滇、黔,则余间得其梓。秦、晋、川、洛,则余时友其人。辇下所雕者,每一当越中三,纸贵故也。越中刻本亦

①按彭寅翁崇道精舍刊本《史记》为元至元本,不为中统本。

希，而其地适当东南之会，文献之衷，三吴七闽，典籍萃焉。吴会、金陵，擅名文献，刻本至多。钜册类书，咸会萃焉。自本方所梓外，他省至者绝寡。燕中书肆，多在大明门之右，及礼部门之外，及拱宸门之西。武林书肆，多在镇海楼之外，及涌金门之内，及弼教坊、清河坊，皆四达衢也。金陵书肆，多在三山街，及太学前。姑苏书肆，多在阊门内外，及吴县前。书多精整也，率其地梓也。”又云："凡刻之地有三：吴也，越也，闽也。蜀本，宋称最善，近世甚希。燕、粤、秦、楚，今皆有刻，类自可观，而不若三方之盛。其精，吴为最；其多，闽为最；越皆次之。其直重，吴为最；其直轻，闽为最；越皆次之。"

王世贞《童子鸣传》："童子鸣名珮，世为龙游人。父曰彦清，子鸣少依父游。诗有清韵，尤善考证诸书画名迹、古碑彝敦之属。兄珊，举于邑，为诸生。子鸣归，必就兄书舍买升酒相劳苦。高淳韩邦宪出守衢，行部过其家龙丘山坞中，索所辑唐故邑令杨炯、邑人徐安贞集，锓梓行之。遂下教邑纲纪。南州杜门，文举首骖；北海为政，康成标里。龙丘逸民之薮，前苌后佩，千载两贤。苌犹托迹功曹，一试綦组；而童君毕志云萝，声迹俱挫，可谓皭然不滓，瞻之在前矣。其树楔左閭，以风在野。子鸣卒，年仅五十四。有藏书万卷，皆其手所雠校。"

毓修按：明初至嘉靖，坊贾刻书，仍有用牌子，以记雕造岁月及铺号者。后则惟家刻本著某堂某斋之名于板心。其例昉于宋之世綵堂,坊肆则不详记矣。晚近家刻,复有用牌子者。明人书肆,其可知者,有广成书店、《唐韵》后有"永乐甲辰良月,广成书店"牌子。清江书屋、《大广益会玉篇》后有"宣德辛亥,清江书堂绣梓"。文业堂、《初学记》后有"嘉靖丁酉,书林文业堂"牌子。刘氏(玉经)〔明德〕堂、《大广益会玉篇》。慎独斋刘弘毅、刊《十七史详节》、《韩柳集》、《容春堂集》,书铺在北京。金台书店汪谅、汪刻《文选》云"金台书店汪谅,见在正阳门内第一巡警更铺对门,翻刻宋元本七种,重刻古板七种"。前清书坊刻书之多,莫如苏州扫叶山房,其主人席氏,翻雕毛氏《十七史》等书,又校刻《百家唐诗》、《元诗选癸集》,贩夫盈门,席氏之书不胫而走于天下。同时常熟有抱芳阁,所刻亦多。上海有醉六堂,亦稍刻书。此外则湖南、江西、福建三省,以刻工纸墨皆廉,坊肆聚焉,十八行省,到处流行。其本粗陋恶劣,不可逼视,不及宋之麻沙万万矣。

活字印书法

活字印书法，西人谓之 Movable Type，其法传自中土。近日盛行铅字，制模浇字之法，悉用机器，迥非向时恃一手一足之力者可与之争胜矣。由源及委，则旧法固不可不知也。

沈括《梦溪笔谈》："庆历中，有布衣毕昇为活板。其法用胶泥刻字，薄如钱唇。每字为一印，火烧令坚。先设一铁板，其上以松脂腊和纸灰之类冒之。欲印，则以一铁范置铁板上，乃密布字印，满铁范为一板，持就火炀之。药稍镕，则以一平面按其面，则字平如砥。若止印二三本，未为简易；若印数十百千本，则极为神速。"

《天禄琳琅·宋本毛诗》："《唐风》内'自'字横置，可证其为活字板。"

元王祯《〔造〕活字印书法》附武英殿刊本《农书》后。略谓："古时书皆写本，学者艰于传录，故人以藏书为贵。五代唐明宗长兴二年，宰相冯道、李愚请令判国子监田敏校正《九经》刻板印卖，朝廷从之。锓梓之法，其本于此，此说不足恃，杂见上文。因是天下书籍遂广。然而板木工匠，所费甚多,至有一书字板,功力不及数载难成。虽有可传之书,人皆惮其工费,不能印造传播后世。有人别生巧技,以铁为印盔界行,用稀沥青浇满,冷定取平,火上再行煨化,以烧熟瓦字,排于行内,作活字印板。为其不便,又以泥为盔,界行内用薄泥,将烧熟瓦字排之,再入窑内,烧为一段,亦可为活字板印之。近世又铸锡作字,以铁条贯之作行,嵌于盔内界行印书。但上项字样,难于使墨,率多印坏,所以不能久行。今又有巧便之法,造版木作印盔,削竹片为行,雕板木为字,用小细锯锼开,各作一字,用小刀四面修之,比试大小高低一同。然后排字作行,削成竹片夹之。盔字既满,用木掮掮先结切。之使坚牢,字皆不动。然后用墨刷印之。

"写韵刻字法:先照监韵内可用字数,分为上下平、上、去、入五声,各分韵头,校勘字样,抄写完备。作书人取活字样制大小,写出各门字样,糊于板上,命工刊刻。稍留界路,以凭锯截。又有语助词之乎者也字,及数目字,并寻常可用字样,各分为一门,多刻字数。约三万馀字。写毕,一如前法。今载(元)〔立〕号监韵活字板式于后。其馀五声韵字,俱要仿此。

"锼字修字法:将刻讫板木上字样,用细齿小锯,每字四方锼下,盛于筐筥器内。每字令人用小裁刀修理齐整。先立准则,于准则内试大小高低一同。然后另贮别器。

"作盔嵌字法:于元写监韵各门字数,嵌于木盔,内用竹片,行行夹住。摆满用木〔掮〕轻掮之,排于轮上。依前分作五韵，用大字标记。

“造轮法：用轻木造为大轮，其轮盘径可七尺，轮轴高可三尺许，用大木砧凿窍，上作横架，中贯轮轴，下有钻臼，立转轮盘，以圆竹笆铺之。上置活字板面，各依号数，上下相次铺摆。凡置轮两面，一轮置监韵板面，一轮置杂字板面。一人中坐，左右俱可推转摘字。盖以人寻字则难，以字就人则易。以此转轮之法，不劳力而坐致字数。取讫，又可铺还韵内，两得便也。

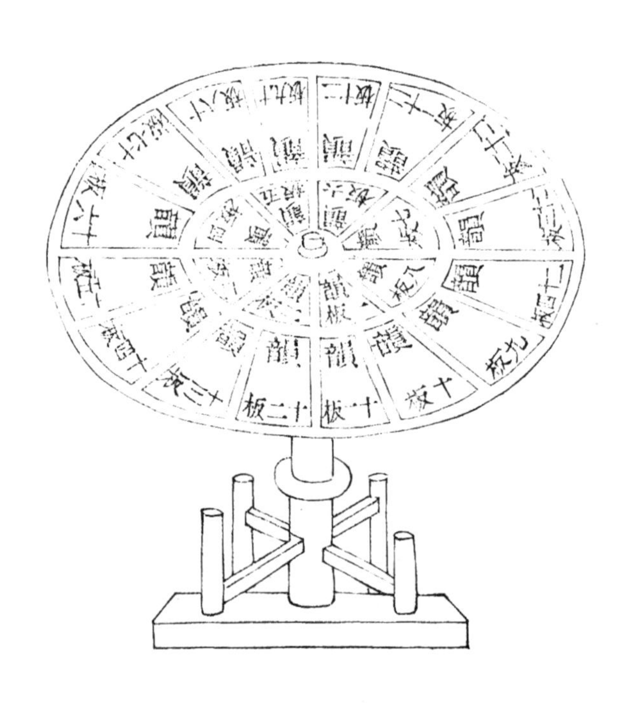

“取字法：将元写监韵〔另写一册，编成字号，每面各行各字，俱计号数，与轮上门类相同。一人执韵〕依号数喝字，一人于轮上元布轮字板内，取摘字只嵌于所印书板盔内。如有字韵内别无，随手令刊匠添补，疾得完备。

“作盔安字刷印法：用平直干板一片，量书面大小，四围作栏，右边空候，摆满盔面，右边安置界栏，以木掮掮之。界行内字样，须要个个修理平正。先用刀削下诸样小竹片，以别器盛贮；如有低邪，随字形衬𥳑徒念切。掮之。至字体平稳，然后刷印之。又以棕刷顺界行直刷之，不可横刷。印纸亦用棕刷顺界行刷之。此用活字板之定法也。

“前任宣州旌德县县尹时，方撰《农书》，因字数甚多，难于刊印，故尚己意，命匠创活字，二年而工毕。试印本县志书，约计六万馀字，不一月而百部齐成，一如刊板，始知其可用。后二年，予迁任信州永丰县，挈而之官，是时《农书》方成，欲以活字嵌印。今知江西，见行命工刊板，故且收贮，以待别用。然古今此法，未见所传，故编录于此，以待世之好事者，为印书省便之法，传于永久。本为《农书》而作，因附于后。”

邵宝《容春堂集·会通君传》：“会通君姓华氏，讳燧，字文辉，无锡人。少于经史多涉猎，中岁好校阅同异，辄为辨证，手录成帙；遇老儒先生，既持以质焉。既而为铜字板以继之，曰：‘吾能会而通之矣。’乃名其所曰会通馆，人遂以会通称，或丈之，或君之，或伯仲之，皆曰会通云。君有田若干顷，称本富，后以劬书故，家稍落，而君漠如也。三子：埙、奎、壁。”

严元照《书容斋随笔活字本后》：“此翻宋绍定间所刻。每番中缝上方有‘弘治岁在旃蒙单阏’八字，下有‘会通馆活字铜板印’八字，书后有华燧序。”

《天禄琳琅·白氏长庆集》：“每卷末有‘锡山兰雪堂华坚活字铜板印’记。”《蔡中郎集》同。

叶昌炽《藏书记事诗》：“《无锡县志》：‘华珵，字汝德，以贡授大官署丞，善鉴别古奇器、法书、名画。筑尚古斋，实诸玩好其中。又多聚书，所制活板甚精密，每得秘书，不数日而印本出矣。’昌炽案：燧之子埙、奎、壁，名皆从土旁，埕、坚疑亦其群从，而珵为埕之误。余所见兰雪堂活字板本，又有《蔡中郎集》甚精。”

毓修按：明世吾乡铜活字本有二：一为兰雪堂华氏，一为桂坡馆安氏。姓氏不同，时代相隔，著录家往往误合为一。安氏所刊较少；华氏所刊，遍及四部，有虞山毛氏之风。邑志艺文既失其目，以蒙所目睹及各家经藏所著录，则《容斋五笔》《白氏长庆集》《蔡中郎集》外，尚有《艺文类聚》《宋名臣奏议》《元氏长庆集》《盐铁论》《玉台新咏》《吴越春秋》《文苑英华辨证》《四书五经》诸书，并依宋本摆印，黄荛圃、张金吾诸人亟称之。

安璿《家乘拾遗》：璿字孟公，别字洁园，安国曾孙也。有《罨画楼集》。《家乘拾遗》，稿本未刊。“先是廖家宰欲刻《东光县志》，知翁家有活字铜版，以书币来，属翁为杀青，故契谊最深。每访古书中少刻本者，悉以铜字翻印，故名知海内。今藏书家往往有胶山安氏刊行者，皆铜字所刷也。璿曾从贾人购《颜鲁公集》，乃先世故物。翁殁后，六家以量分铜字，各残缺失次，无所用矣。”

《常州志》：“安国，字民泰，无锡人。尝以活字铜版印《吴中水利书》。”

《天禄琳琅》：“《初学记》板心上标‘安桂坡刻’，每本标题之下又称‘锡山安国校刊’。安国所刻书甚多，此书取九洲书屋本翻刻。”

毓修按：安氏书先以铜活字印行，再为雕板。所见《颜鲁公集》《初学记》，皆有二本，一活字本，一雕本也。《鹤山大全集》《熊朋来集》，惟见活字本。

顾炎武《亭林集·与公肃甥书》：“忆昔时邸报，至崇祯十一年，方有活板。自此以前，并是写本。”

《士礼居藏书题跋记》：“《墨子》十五卷，校明（监）〔蓝〕印铜活字本。又《开元天宝遗事》二卷，铜活字本。古书自宋元板刻而下，其最可信者，莫如铜板活字，盖所据皆旧本，刻亦在先也。诸书中有会通馆、兰雪堂、锡山安氏馆等名目，皆活字本也。此建业张氏本，仅见是书。”

按此书卷首有“建业张氏活字铜版印”一行。

莫友芝《(邵)〔郘〕亭知见传本书目》:“《玉台新咏》有明五云溪馆铜活字本。”

袁〔漫〕恬《书隐丛(话)〔说〕》:“印板之盛,莫盛于今矣。吾苏特工,其江宁本多不甚工。世有用活字板者。宋毕昇为活字板,用胶泥烧成。今用木刻字,设一格于桌,取活字配定,印出则搅和之,复配他页。大略生字少刻,而熟字多刻,以便配用。余家有活板《苏斜川集》十卷,惟字形大小不画一耳。近日邸报,往往用活板配印,以便屡印屡换,乃出于不得已;即有讹谬,可以情恕也。”

乾隆三十八年十月二十八日,金简奏谓:“奉命管理《四库全书》一应刊刻刷印装潢等事,今闻内外汇集遗书,已及万种。现奉旨择其应行刊刻者,皆令镌板通行。此诚皇上格外天恩,加惠艺林之意也。但将来发刊,不惟所用板片浩繁,且逐部刊刻,亦需时日。臣详细思维,莫若刻枣木活字套板一分,刷印各种书籍,比较刊板,工料省简悬殊。臣谨按《御定佩文诗韵》,详加选择,除生僻字不常见于经传者不收集外,计应刊刻者约六千数百馀字,此内虚字以及常用之熟字,每一字加至十字或百字不等,约共需十万馀字。又预备小注应刊之字,亦照大字每一字加至十字或百字不等,约需五万馀字。大小合计不过十五万馀字。遇有发刻一切书籍,只须将槽板照底本一摆,即可刷印成卷。倘其间尚有不敷应用之字,预备木字二千个,随时可以刊补。书页行款,大小式样,照依常行书籍尺寸,刊作木槽板二十块。临时按底本将木字检校明确,摆置木槽板内。先刷印一张,交与校刊翰林处详校无误,然后刷印。其枣木字大小共应用十五万馀个。臣详加核算,每百字需银八钱,十五万馀字约需银一千二百馀两。此外仍做槽木板,备添空木字,以及盛贮木字箱格等项,再用银一二百两,已敷置办。是此项需银,通计不过一千四百馀两。臣因以武英殿现存书籍核校,即如《史记》一部,计板二千六百七十五块。按梨木小板例价银每块一钱,共该银二百六十七两五钱。计写刻字一百一十八万九千零,每写刻百字,工价银一钱,共用银一千一百八十馀两。是此书仅一部,已费工料银一千四百五十馀两。今刻枣木活字套板一分,通计亦不过用银一千四百馀两,而各种书籍,皆可资用。即或刷印经久,字画模糊,又须另刻一分,所用工价,亦不过此数。或尚有可以拣存备用者,于刻工更可稍为节省。如此则事不繁而工乃省,似属一劳久逸。至摆字必须识字之人,但向来从无此项人役,即一时外雇,恐不得其人,且滋糜费。臣愚见请添设供事六名,分领其事。所有刊刻木子十五万,按韵分贮木箱内。其木箱用十个,每个用抽屉八层或十层,抽屉中各分小格数十个,盛贮木字。临用时以供事二人,专管摆字;其馀供事四人,分管平、上、去、入四声字。摆板供事,按书应需某字,向管韵供事喝取,管韵供事辨声应给。如此检查,便易安摆迅速。查武英殿现有臣等奏添书吏二名,改为供事,止须再添供事四名,闲常皆令在档案房书写档案,遇摆字时,即令应役。如果勤慎,五年之后,归并武英殿修书处供事,一体办理。如此摆字之人既不必外雇,而于办理活字版更为有益。臣因刊刻遗书工料浩繁起见,不揣冒昧,谨照御制《命校永乐大典》,刊刻成枣木活字套板共四块,并刷印红墨格纸样式各五十张,恭呈御览。”奉旨:“甚好,照此办理。钦此。”

乾隆三十九年五月十二日,金简谨奏:“前经奏请将《四库全书》内应刊各书,改为活板,摆刷通行。拟刻大小木字十五万个,每百字约计工料银八钱,并成做槽板及盛贮木字箱格等项,约需银一千四百馀两。嗣又添备十万馀字,约需银八百馀两,督同原任翰林祥庆、笔帖式福昌敬谨办理。今已刊刻完竣,细加查核,成做枣木子每百个银二钱二分,刻工每百个银四钱五分,写宋字每百个工银二分,共合银六钱九分,计刻得大小木字二十五万三千五百个,实用银一千七百四十九两一钱五分。备用枣木子一万个,计银二十二两。摆字楠木槽板八十块,各长九寸五分,宽七寸五分,厚一寸五分,每块各随长短夹条一分,工料银一两二钱,计银九十六两。每块四角包钉铜片,工料银一钱五分,计银十二两。板箱十五个,每个工料银一两二钱,计银十八两。检字归类用松木盘八十个,长一尺八寸,中安格条,每个工料银三钱五分,计银二十八两。套板格子二十四块,各长一尺,宽八寸,厚一寸,每个工料银三钱,计银七两二钱。成做收贮木子大柜十二座,各高七尺二寸,宽五尺一寸,进深二尺二寸,每座各安抽屉二百个，实用工料银三十两，计银三百六十两。抽屉二千四百个，成钉铜眼线曲须圈子二千四百副，每副银一分五厘，计银三十六两。木板凳十二条，各长五尺，宽一尺，高一尺五寸，每条工料银九钱五分，计银十一两四（银）〔钱〕。通共实用银二千三百三十九两七钱五分。查原奏请领过银二千二百两，尚不敷银一百三十九两七钱五分，请仍向广储司支领给发。将来《四库全书》处交到各书，按次排印完竣后，请将此项木子槽板等件移交武英殿收贮。遇有应刊通行书籍，即用聚珍板排印通行。”

巾箱本

宋戴埴曰："今之刊印小册为巾箱本，其书无所不备。"又以其可藏怀袖，别称袖珍本，以行密字展、刻画纤朗见长。前清科举之世，坊肆盛行袖珍本，每于卷首大书"取便舟车，幸勿误带入场"云云，其雕印皆极拙陋也。宋元所刻，无不精美。

《事物记原·集类》："《南史》：'齐衡王钧尝亲手书《五经》，都为一卷，置巾箱中。侍读贺玠曰："殿下家有坟素，复何细书别藏巾箱？"曰："巾箱中检阅既易，且更手写，则永不忘矣。"诸王闻之，争效为巾箱。'今谓书籍之细书小本者为巾箱，始于此也。"

朱彝尊《经义考》："天下印书，福建本几遍天下。锡、绍俱闽人，当是闽中所行之书。且板高半尺，乃巾箱本，亦宋所盛行者。字朗质坚，莹然可宝。"

毓修按：竹垞所见巾箱本之大小如此。杨守敬《留真谱》："摹刻宋本《礼记》，其板心高不过三寸许，宽二寸半，半页九行，能刊三百二十四字，几如今之石印缩本矣。而字画清朗，不露窘状，可谓极梫传之能事。亦有密行细字，而板高尺许，如宋陈玉(文)〔父〕所刻《玉台新咏》，则谓大巾箱本云。"

《御制乐善堂集·天禄琳琅鉴藏旧板书籍联句》："小字巾箱尺寸强。"

《天禄琳琅·宋巾箱本五经》："《易》《诗》《春秋》《礼记》经文，《春秋左氏》经传，不分卷，行密字展，朗若列眉。"

朱墨本

朱墨本,俗称套板。以印墨一套,印朱又一套也。近广东人仿印最夥,亦最精,有五色者。清武英殿本《古文渊鉴》亦五色。

俞樾《春在堂随笔》:“明万历间,乌程闵齐伋始创朱墨本。”

刻印书籍工价

隋唐之世刻印书籍工价，书缺有间，不可知矣。自宋以来，辑其可知者著之。

《天禄琳琅·大易粹言》："牒令具《大易粹言》一部，计二十册。合用纸数印造工墨钱，下项纸副耗共一千三百张，装背饶青纸三十张，背清白纸三十张，俊墨糊药印背匠工食等钱，共一贯五百文足，赁板钱一贯二百文足。本库印造见成出卖，每部价钱八贯文足。右具如前。淳熙三年正月日，雕造所贴司胡至和具。杭州路儒学教授李清孙校勘无差。"

又："象山县学《汉隽》，每部二册，见卖钱六百文足，印造用纸一百六十幅，碧纸二幅，赁板钱一百文足，工墨装背钱一百六十文足。"

又："宝祐旧板《通鉴记事本末》后有元延祐六年陈良弼序称，节斋刻板后，束之高阁者四十馀年，其孙明安过嘉禾学宫，出所藏书板见示。因白御史宋公一斋、佥宪邓公善之，以中统钞七十五定偿之，寘之学宫。因书得板颠末于节斋序后。

"《二俊文集》一部,共四册。印书纸共一百三十六张,书皮表背并副叶共大小二十张,工墨钱一百八十文,赁板钱一百八十六文,装背工糊钱,右具如前。二月日,印匠诸成等具。"

《平津馆鉴藏记》:"王黄州《小畜集》末记印书纸并副板四百四十八张,表褙碧纸一十一纸,大纸八张,共钱二百六文足,赁板棕墨钱五百文足,装印工食钱四百三十文足。除印书纸外,共计钱一千一百三十六文足。见成出卖,每部价五百文。"

俞樾《茶香室丛钞》:"明刘若愚《酌中志》云:'刻字匠徐承惠供,本犯与刻字工银每字一百,时价四分,因本犯要承惠僻静处刻,勿令人见,每百字加银五厘,约工银三钱四分。今算妖书八百馀字,与工银费相同。'按此知明时刻书价值至廉,今日奚翅倍之也。"

纸

《风俗通义》："刘向典校书籍，先书竹，改易写定，可缮写者，以上素。"盖西京之末，犹用竹为多。后汉宦官蔡伦因缣贵简重，不便于人，以意造为纸，史称莫不从用。然孝献帝西廷图书缣帛，军人取为帷囊；吴恢为南海太守，欲杀青以写经书，是东京之时，纸犹不甚流行。《抱朴子自叙》："家贫乏纸，所写皆反覆有字。"竹帛废而纸大行，其在魏晋间乎？至于印书，则未有不用纸者。近日印本，始用洋纸。然古者高丽苔纸、日本棉纸，亦为上品，述古堂装书面，亦用外国笺。惜今之所行者，远逊其精美，而徒夺中国之利，殊可叹也。今为剌取陈编，取其有关实事者，胪陈如左，赤幖红麻，徒资文房之清玩者，概不与焉。

费著《蜀笺谱》："古者书契，多以竹简，其次用缣帛。至以木肤、麻头、敝布、鱼网为纸，自东汉蔡伦始。简太重，缣稍贵，人遂以纸为便，于文字有功。人至今称蔡伦纸。今天下皆以木肤为纸，而蜀中乃尽用蔡伦法，杂以旧布、破履、乱麻为之。惟谦屑、表光，皆蜀笺之名，非乱麻不用。于是造纸者庙祀蔡伦矣。

"广都纸有四色：一曰假山南，二曰假荣，三曰冉村，四曰竹纸，皆以（猪）〔楮〕皮为之，其视浣花笺纸最精洁。凡公私簿契、书卷、图籍、文牒，皆取给于是。广幅无粉者谓之假山南，狭幅有粉者谓之假荣，造于冉村曰清水，造于龙区乡曰竹纸。蜀中经史子集，皆以此种传印。而竹纸之轻细似池纸，视上三色价稍贵。近年又仿徽池法作胜池纸，亦可用，但未甚精致耳。

"双流纸出于广都，每幅方尺许，品最下，用最广，而价亦最贱。双流实无有也，而以为名，盖隋炀帝始改广都曰双流，疑纸名自隋始也，亦名小灰纸。"

毓修按：蜀笺著于薛涛。至宋，蜀纸流行天下，江浙间皆仿制之。今虽不如唐宋之盛，然尚多佳制。是蜀实为产纸之首邑，故详引之。

《东坡志林》："昔人以海苔为纸，今无。今人以竹为纸，亦古所无有也。

"川纸取布机馀经，不受纬者治作之，故名布头笺。此纸冠天下，六合人亦作，终不及尔。

"赵献之遗予天台玉版，殆过澄心堂，顷所未见。"

《东坡题跋》："成都浣花溪水，清滑异常，以沤麻楮作笺，洁白可爱；数十里外，便不堪造，信水之力也。扬州有蜀冈,冈上有大明寺井,知味者以为与蜀水相似。溪左右居人亦造纸,与蜀产不甚相远。自十年以来,所产益多,亦益精。更数十年,当与蜀纸相抗也。"

毓修按:唐时写本,多用益州麻纸,坚致耐久。宋造竹纸,质轻价廉,麻纸寖废而竹纸行矣。此亦纸中之一大关键也。

《天禄琳琅》:"书中字句,间有一二与传刻监本同者,然大指尚不舛误。据识乃孝宗年所刻,以备宣索者。枣木刻世尚知用,若印以椒纸,后来无此精工也。"

王世贞《汉书跋》:"余生平所购《周易》《礼记》《毛诗》《左传》《史记》《三国志》《唐书》之类,过三千馀卷,皆宋本精绝。最后班、范二《汉书》,尤为诸本之冠。桑皮纸白洁如玉,四旁宽广,字大者如钱,绝有欧柳笔法。"又《文选跋》:"此本缮刻极精,纸用澄心堂,墨用奚氏。"又赵文敏跋《文选》云:"玉楮银钩,若与灯月相映,助我清吟之兴不浅。"

毓修按:《考槃馀事》:"王弇州藏宋板《汉书》,澄心堂纸,李廷珪墨。"按澄心堂纸,始于南唐。《后山丛谈》:"澄心堂,南唐烈祖节度金陵之燕居也,赵内翰彦若家有《澄心堂书目》。"《江宁府志》:"后主造澄心堂纸,甚为贵重。宋初纸犹有存者,欧公曾以二轴赠梅圣俞。相传淳化阁帖,皆用此纸所搨。欧阳公《五代史》,亦用此属草。”盖此纸以桑皮为质料,后主所置者,工料特精,别以烈祖之澄心堂名之,遂成上方珍品。《江宁府志》所云宋初犹存者,谓南唐旧纸犹存。梅圣俞《答欧阳公送澄心堂纸》诗:“但存图书及此纸,弃置大屋(墋)〔墻〕角堆。幅狭不堪作诰命,聊备麤使供鸾台。”可知南唐遗纸甚多,为时人所贵。宋人仿造者,亦惟监中印本方用之耳。

《洞天清(禄)〔録〕》:“北纸用横帘造,(後)〔纹〕必横,其宽松而厚,谓之侧理纸。”

《妮古录》:“宋纸于明望之,无帘痕。”

《天禄琳琅》:“《唐书》印纸,坚致莹洁。每页有‘武侯之裔’篆文红印,在纸背十之九,似是造纸家印记,其姓为诸葛。”

毓修按:涵芬楼藏南宋椠本《本草衍义》,每叶中缝亦有楷书“京兆方塘文房朱记”。《东华续录》:“高宗朝,谕钟音察访建安余氏后裔。奏称其祖印书,纸皆自造,在纸上印‘勤有堂’字样。”因知古时刻书,皆自造纸。今纸中有毛边者,相传为毛氏汲古阁所创,胡克家仿宋尤刻《文选》,及仿元兴文署本《资治通鉴》,亦有用自造纸模印者,书贾名荷叶纸印本云。

明张萱《疑耀》:"余获校秘阁书籍,每见宋板书,多以官府文牒翻其背以印行者。如《治平类篇》一部四十卷,皆元符二年及崇宁五年公私文牍笺启之故纸也。其纸极厚,背面光泽如一,故可两用。若今之纸,不能尔也。"

毓修按:用文牍背面印书,明时犹然,所见弘治本《侨吴集》,则取当时书翰拜帖印之,尤所罕见。宋时坊肆刻本,常有"谨识"云云,以示标异,而又有矜贵其纸者,如《新纂门目五臣音注扬子法言》识云:"专用上等好纸印造,时兴他本不同。收书贤人士幸详鉴焉。崇川余氏家藏。"

《笔丛》:"凡印书,永丰(棉)〔绵〕纸为上,常山柬纸次之,顺昌书纸又次之,福建竹纸为下。绵贵其白且坚,柬贵其润且厚。顺昌坚不如绵,厚不如柬,直以价廉取称。闽中纸短窄黧脃,刻又舛讹,品最下而直最廉。"

明广平裕参王家瑞凝贞翻刻宋本《李长吉歌诗》附《制书雅意》四则:"一、纸用清〔水〕(文京)〔京文〕古(千)〔干〕或太史连方称。一、印用方氏徽墨、孙氏京墨,凡墨弗用。一、壳用月白云绫、纯厚青绢,椒表阴干。一、裁用利刀,光用细石,俱付良工。"

毓修按:观上所引,则于我国造纸之源,及宋明人印书用纸,可见其凡。近世印书之纸,质料人工,不尽与古同，而其产地，总不外赣、浙、皖、蜀四省，兹为钩稽省志，详其名称制作如左。虽不涉印书故实，而印书自在其中矣。

光绪六年李文敏等《重修江西通志·广信府志拾遗》："石塘人善作表纸，捣竹丝为之。竹笋三月发生，四月立夏后五日，剥其壳作蓬纸，以竹丝置于池中，浸以石灰浆，上竹楻锅煮烂，经宿水漂净之，复将槁灰淋滗水，上楻锅煮烂，复水漂净之，始用黄豆汈注一大桶，楻一层竹丝，则一层豆汈，过三五日，始取为之。白表纸(正)〔止〕用藤纸药，黄表纸则用姜黄细舂末，称定分两。每一槽四人，扶头一人，舂碓一人，检料一人，焙干一人，每日出纸八把。"

王(宋)〔宗〕沐《江西省志》："广信府纸槽，前不可考。自洪武年间，创于玉山一县。至嘉靖以来，始有永丰、铅山、上饶三县，续告官司，亦各起立槽房。玉山槽坐峡口等处，永丰槽坐柘扬等处，铅山槽坐石塘、石垅等处，上饶槽坐黄坑、周邨、高州、铁山等处，皆水土宜槽。穷源石峡，清流湍激，漂料洁白，蒸熟捣细。药和溶化，澄清如水，帘捞成纸，制作有方。其槽所在非一地。故附属因革，无从稽核，矧系民产，姑纪其略耳。

"楮之所用，为构皮，为竹丝，为帘，为百结皮。其构皮出自湖广，竹丝产于福建，帘产于徽州、浙江。自昔皆属吉安、徽州二府商贩，装运本府地方货卖。其百结皮，玉山土产。槽户雇倩人工,将前物料浸放清流急水,经数昼夜,足踹去壳,打把捞起,甑火蒸烂,剥去其骨。扯碎成丝,用刀剉断,搅以石灰存性。月馀,仍入甑蒸。盛以布囊,放于急水。浸数昼夜,踹去灰水。见清,摊放洲上。日晒水淋,无论月日,以白为度。木杵舂细,成片摛开。复用桐子壳灰及柴灰和匀,滚水淋泡。阴干半月,涧水洒透。仍用甑蒸水漂,暴晒不计遍数。多手择去小疵,绝无瑕玷。刀斫如炙,揉碎为末。布袱包裹,又放急流洗去浊水。然后安放青石板合槽内,决长流水入槽,任其自来自去。药和溶化,澄清如水,照依纸式大小高阔,置买绝细竹丝,以黄丝线织成帘床,四面用筐绷紧。大纸六人,小纸二人,扛帘入槽。水中搅转,浪动捞起。帘上成纸一张揭下,叠榨去水,逐张掀上,砖造火焙。两面粉饰,光匀内中。阴阳火烧,熏干收下,方始成纸,工难细述论。虽隆冬炎夏,手中不离水火。谚云:'片纸非容易,措手七十二。'

"司礼监行造纸名二十八色,曰白榜纸、中夹纸、勘合纸、结实榜纸、小开化纸、呈文纸、结连三纸、绵连三纸、白连七纸、结连四纸、绵连四纸、毛边中夹纸、玉板纸、大白鹿纸、藤皮纸、大楮皮纸、大开化纸、大户油纸、大绵纸、小绵纸、广信青纸、青连七纸、铅山奏本纸、竹连七纸、小白鹿纸、小楮皮纸、小户油纸、方榜纸,以上定例,五年题造一次。乙字库行造纸名一十一色,曰大白榜纸、大中夹纸、大开化纸、大玉版纸、大龙沥纸、铅山本纸、大青榜纸、红榜纸、黄榜纸、绿榜纸、皂榜纸，以上随缺取用，造解无期。”

乾隆元年嵇曾筠等修《浙江通志·绍兴府志》：“越中昔时造纸甚多，韩昌黎《毛颖传》‘纸曰会稽楮先生’是也。嵊县剡藤纸，名擅天下。式凡五：用木椎椎治，坚滑光白者，曰硾笺；莹润如玉者，曰玉板笺；用南唐澄心纸样者，曰澄心堂笺；用蜀人鱼子笺法，曰粉云罗笺；造用冬水佳，敲冰为之，曰敲冰纸，今莫有传其术者。竹纸，《嘉泰志》：‘剡之藤纸，得名最旧，其次苔笺，然今独竹纸名天下。他方效之，莫能仿佛，遂掩藤纸矣。竹纸上品有三：曰姚黄，曰学士，曰邵公。三等皆又有名。展手者，其修如常，而广倍之。自王荆公好用小竹纸，比今邵公样尤短小，士大夫翕然效之。建炎、绍兴以前，书简往来，率多用焉。后忽废书简而用札子。札子必以楮纸，故卖竹纸者稍不售，惟攻书者犹喜之：滑，一也；发墨，二也；宜笔录，三也；卷舒虽久，墨终不渝，四也；不(蟲)〔蠹〕，五也。会稽之竹，为纸者自是一种。取于笋长未甚成竹时，乃可用，民家或赖以致饶。’

“今越中凡昔人所称名纸，绝无闻。惟竹纸间有之，然亦不佳。”

《嘉靖金华志》：“梁山近盘泉，旧有纸厂造纸。”

《东阳县志》：“寻常所用皮纸，大者名呈文绵纸。大概用桑皮、笋壳煮成，而以藤汁浇之。”

《万历龙游县志》：“货品中惟多烧纸，胜于别县。”

《元和郡县志》:“馀杭县由拳村出好藤纸。”

《太平寰宇记》:“温州产蠲纸。”

《常山县志》:“邑产纸,大小厚薄,名色甚众,曰历日纸、赃罚纸、科举纸、册纸、三色纸、大纱窗、大白榜、大中夹。又曰十九色纸:白榜、白中夹、大开化、小开化、白绵、连三、结实连三、白连七、白绵连四、结实连四、竹连七、竹奏本、白楮皮、小绵纸、毛边、中夹、白呈文、青奏本。又间一用之,曰玉板纸,帘大料细,尤难抄造。他若客商所用,各随贩卖处所宜,名色不可枚举。凡江南、河南等处赃罚,及湖广、福建大派官纸,俱来本县买纳。”

《衢州府志》:“藤纸、绵纸、竹纸三种,并皆细品。”

《菽园杂记》:“衢之常山、开化等县,以造纸为业。其法采楮皮蒸过,石灰浸三宿,揉去灰。又浸水七日,舂烂,漂入胡桃藤等。藤以竹帘承之,俟其凝结,掀置砖板,以火干之。”

衢州府出玉版纸。《赤城志》:“苏文忠《杂志》曰:‘吕献可遗余天台玉板,过于澄心堂。’又米元章用黄岩藤纸硾熟,揭其半用之,有滑净软熟之称。今出临海者曰黄檀、曰东陈,出天台者曰大淡,出宁海者曰黄公,而出黄岩者以竹穰为之,即所谓玉板也。”

《重修安徽省志》:“徽州府,唐时土贡纸,今无佳者。往往市自开化间。

“宁国府,郡邑皆出纸,宣、经、宁三邑尤擅名。

“太平府，纸出繁昌。

“六安州，邑造纸者多。”

《福建通志》：“福州府竹穰、楮皮、薄藤、厚〔藤〕，凡柔韧者，皆可以造纸。旧志谓（巧）〔竹〕纸出古田、罗源村落间，楮纸出连江〔两〕乡，薄藤纸出侯官，赤色厚藤纸出永福辜岭，今皆少造。

“永春州出纸。”

嘉庆十二年（长）〔常〕明等修《四川通志》：“保宁府出楮纸。

“夔州府，《寰宇记》：‘万县产蠲纸。’

“龙安府，江油出楮纸。

“雅州府，《寰宇记》：‘雅州产蠲纸。’

“嘉定府，《名胜志》：‘尖山下为纸房，楮薄如蝉翼，而坚重可久。’

“忠州，果山出纸。”

《湖南通志》：“长沙府衡山土贡绵纸，《唐书·地理志》。（来）〔耒〕阳出纸。《明一统志》。（来）〔耒〕阳蔡伦故宅，旁有蔡子池。伦，汉黄门郎，顺帝之世，捣故鱼网为纸，用代简者，自其始也。《水经注》。衡阳出五家纸，又云五里纸。”《全唐诗》注郭受《寄杜甫》诗“衡阳纸价顿能高”。

毓修按：今江西、安徽、浙江、湖南、福建、广东、四川等省，造纸甚多，流行四方。而省志所引，详于考古，略于征今。若广东则更疏略，询诸市肆中人，更日习其物而不知其源也,可慨也夫。近皖省官设造纸厂,仿日本美浓质料,造成数十种,更有染作古色者。家刻善本,多取以摹印焉。

墨

宋元人所撰《墨经》《墨史》诸书，皆主于文房所用，而不别言印书之墨。方知古时印书，即用文房之墨，非如近世之别造至劣之墨皮、墨胶，以供印书之用者也。宋周公谨谓廖群玉诸书至精，以油烟墨印造。见《癸辛杂志》。生平所见宋元印本之至佳者，其墨光而润，自有一种异彩，殆皆油烟墨印乎？宋椠《大易粹言》后记倰墨糊药印背工食等钱，倰墨岂即上墨欤？胡应麟《笔丛》："凡印有朱者，有墨者，有靛者。蓝印明时间有，朱印今惟样本，其馀皆墨印而已。"言墨之书至博，今具考其制造之法于篇，不详其他。今之墨皆出于徽，考陶宗仪《辍耕录》，唐末墨工奚超与其子廷珪自易水迁居歙州，南唐赐姓李氏，李氏之墨名天下，其地遂为制墨之乡矣。

宋晁氏《墨经》："古用松烟、石墨二种，石墨自晋魏以后〔无闻〕，松烟之制尚矣。汉〔贵〕扶风隃麋终南山之松，蔡质《汉官仪》曰：'尚书令仆丞郎，月赐隃麋大墨一枚。'晋贵九江庐山之松，卫夫人《笔阵图》曰：'墨取庐山松烟。'唐则易州、潞州之松,上党松心,尤先见贵。后唐则宣州黄山、歙州(黟)〔黟〕山、松罗山之松,李氏以宣、歙之松类易水之松。今兖州泰山、徂徕山、嶧山、峄山,沂州龟山、蒙山,密(则)〔州〕九仙山,登州牢山,镇府五台,邢州、潞州太行山,辽州辽阳山,汝州灶君山,随州桐柏山,衡州共山,衢州柯山,池州九华山,及宣、歙诸山,皆产松之所。兖、沂、登、密之间,总谓之东山,镇府之山则曰西山。自昔东山之松,色泽肥腻,性质沉重,品惟上上,然今不复有。今所有者,才十馀岁之松,不可比西山之大松。盖西山之松与易水之松相近,乃古松之地,与黄山、黟山、罗山之松,品惟上上;辽阳山、灶君山、桐柏山可甲乙;九华山品中;共山、柯山品下。大概松根生茯苓,穿山石而出者透脂松,岁所得不过二三株,品惟上上;根干肥大,脂出若珠者曰脂松,品惟上中;可揭而起,视之而明者曰揭明松,品惟上下;明不足而紫者曰紫松,品惟中上;矿而挺直者曰签松,品惟中中;明不足而黄者曰黄明松,品惟中下;无滑油而漫若糖苴然者曰糖松,品惟下上;无滑油而类杏者曰杏松,品惟下中;其出历青之余者曰脂片松,品惟下下。其降此外,不足品第。

煤

古用立窑，高丈馀，其灶宽腹小，口不出突，于灶面覆以五斗瓮，又(盖)〔益〕以五瓮，大小为差。穴底相乘，亦视大小为差。每层泥涂惟密，约瓮中煤厚，住火，以鸡羽扫取之，或为五品，或为二品。二品不取最先一器。今用卧窑，叠石(界)〔累〕矿，取冈岭高下，形势向背，而或长百尺，深五尺，脊高三尺，口大一尺，小项八尺，大项四十尺，胡口二尺，身五十尺。胡口亦曰咽口，口身之末曰头。每以松三枝或五枝，徐爨之，五枝以上烟暴煤麤，以下则烟缓煤细，枝数尽少益良，有白灰去之。凡七昼夜而成，名曰一会。候窑冷，采煤，以项煤为二器，以头煤为一器。头煤如珠如缨络，身煤成块成片。头煤深者曰远火，外者曰近火，煤不堪用。凡煤贵轻，旧东山煤轻，西山煤重；今则西山煤轻，东山煤重。凡器大而轻者良，器小而重者否。凡振之而应手者良，击之而有声者良。凡以手试之，而入人纹理难洗者良；以物试之，自然有光成片者良。凡墨有穿眼者，谓之渗眼。煤杂，窑病也。旧窑有虫鼠等粪，及窑衣露虫，杂在煤中，莫能拣辨，唯砸多可弭之，然终不能无。○凡墨，胶为大，有上等煤而胶不如法，墨亦不佳；如得胶法，虽次煤能成善墨。且潘谷之煤，人多有之，而人制墨莫有及谷者，正在煎胶之妙。凡胶，鹿胶为上。《考工记》曰："鹿胶青白，马胶赤白，牛胶火赤，鼠胶饵，犀胶黄。莫先于鹿胶。"故魏夫人曰："墨取庐山松烟、代郡鹿胶。"凡鹿胶一名白胶，一名黄明胶，墨法所称黄明胶，正谓鹿胶，世人多误以为牛胶。但鹿胶难得，煎法用蜡及胡麻者，皆不入墨家之用。按隐居白胶法：先以米渖汁渍七日令软，然后煮煎之，如作阿胶淘。又一法：细剉鹿角，与一片干牛皮同煎，即(稍)〔销〕烂。《唐本草》注曰："麋角鹿角，煮浓汁，重煎成胶。"今法：取蜕角，断如寸，去皮如赤觪，以河水渍七昼夜，又一昼夜煎之。将成，以少牛胶投之，加以龙麝。鹿胶之下，当用牛胶。牛用水牛皮，作家所谓乡掘皮最良。剔除去毛，以水浸去尘污。浸不可太软，当须有性，谓之夹生煎。火不可暴，常以篦搅之，不停手，贵气出不昏。时时扬起视之，以候厚薄，直至一条如带为度。其脉胶不可单用，或以牛胶、鱼胶、阿胶参合之。兖人旧以十月煎胶，十一月造墨。今旋煎旋用，殊失之。故潘谷一见陈相墨曰："惜哉！其用一生胶耳，当以重煎者为良。"

陶宗仪《辍耕录》记自唐至元墨工甚详，其目如下：

唐

祖敏	奚鼐易水
奚鼎鼐之弟	奚超鼐之子
陈朗兖州	王君德

柴珣并唐宋五代

南唐

李超鼐之子，始居歙州，南唐赐姓李氏　李廷珪

李廷宽　李承宴皆超之子

李文用承宴之子　李惟庆

李惟一　李仲宣皆文用子

耿遂仁歙州　耿文政

耿文寿皆遂仁子　耿德

耿盛　盛匡道宣州

盛通　盛真

盛舟　盛信

盛浩

宋

张遇　潘衡

蒲大韶款曰“书窗轻煤，佛帐馀韶”　叶世英尝造德寿宫墨

朱知常款曰“朱知常香剂”　梁杲

李世英款曰“丛圭堂李世英”　胡友直

潘衡孙秉彝　徐知常

叶邦宪尝造复古殿墨　雪斋款曰“雪斋墨宝”

周朝式　李世英男克恭

乐温　蒲彦辉

刘文通　郭忠原

镜湖方氏

齐峰

黄表之

刘士先尝造缉

熙殿墨

寓庵得李潘新法

兵敓

徐禧

翁彦卿

俞林

谢东

叶茂实三衢

元

潘云谷清江

林松泉钱塘

杜清碧武夷

黄修之天台

丘可行金溪

丘南杰皆可行子

胡文忠长沙

于材仲宜兴

卫学古松江

朱万初豫章

丘世英

装　订

此篇所引，皆装订补缀之事，藉见我国工艺，非徒衒琉璃绀碧之华云。

《归田录》："唐人藏书作卷轴，后有叶子，似今策子。凡文字有备检用者，卷轴难数卷舒，故以叶子写之。"

《偃曝谈录》："古竹简之后，皆易楮书之，束而为卷，故曰一卷二卷。自冯瀛王刻板后，卷变为册。犹曰卷者，甚无谓。"

《笔丛》："凡书唐以前为卷轴，盖今所谓一卷，即古之一轴。至装辑成帙，疑皆出雕板之后；然六朝已有之。阮孝绪《七录》，大抵五卷以上为一帙。"

又："凡装有绫者，有锦者，有绢者，有护以函者，有标以号者。吴装最善，他处无及焉。闽多不装。"

《白氏金琐》："凡书册以竹漆为糊，逐叶微摊之，不惟可以久存字画，兼纸不生毛，百年如新，此宫中法也。"

《本草》："必粟香，亦名花木香，取其木为书轴，白鱼不损书。"

《王氏谈录》："作书册，黏叶为上，虽岁久脱烂，苟不逸去，寻其叶第，足可抄录次叙。初(等)〔得〕董子《繁露》数卷，错乱颠倒，伏读岁馀，寻绎缀次方稍完，此乃缝缀之弊也。”

张萱《疑耀》：“秘阁中所藏宋板书，皆如今制乡会进呈试录，谓之蝴蝶装，其糊经数百年不脱落。偶阅《王古心笔录》云：‘用楮树汁、飞面、白芨末三物调和，以黏纸，永不脱落。’宋世装书，岂知此法耶？”清季发内阁藏书，宋本多作蝴蝶装，直立架中，如西书式，浆糊坚牢，如张氏言。

钱曾《读书敏求记》：“《云烟过眼录》：‘余从延陵季氏曾睹吴彩鸾书《切韵》真迹，逐叶翻看，展转至末，仍合为一卷。’张邦基《墨(装)〔莊〕漫录》言旋风叶者即此。自北宋刊本书行，而装潢之技绝矣。”按旋风叶即蝴蝶装。

吴骞《拜经楼藏书题跋记·图绘宝鉴》：“黄荛圃跋云：‘收藏为庐江王，犹是几百年前故物。拜经楼主人以为装潢极精，非民间藏书。吾见成化时阁本《大唐开元占经》，每册俱用黄绫作簿面，黄绢作签条。此可见官书珍重，即装潢可辨也。’”

《考槃馀事》：“尝见宋板《汉书》，不惟内纸洁白，且每本多用澄心堂纸数幅为副，次以活衬竹纸为里。蚕茧鹄古藤纸，因美而存遗不广。若糊褙及以官券残纸者，则恶矣。”

《西溪丛话》：“余有旧佛经一卷，乃唐永泰元年奉诏于大元宫译。后有鱼朝恩衔，有经生并装潢人姓名。”

孙庆增《藏书纪要》：“装订书籍，不在华美饰观，而要护帙有道，款式古雅，厚薄得宜，精致端正，方为第一。

古时有宋本、蝴蝶本、册本各种订式。书面用古色纸，细绢包角。裱书面用小粉糊，入椒矾细末于内。太史连三层裱好贴于板上，挺足候干，揭下压平用。须夏天做，秋天用。折书页要折得直，压得久，捉得齐，乃为高手。订书眼要细，打得正，而小草订眼亦然。又须少，多则伤书脑，日后再订，即眼多易破，接脑烦难。天地头要空得上下相趁。副（册）〔页〕用太史连，前后一样两张。截要快刀截，方平而光。再用细砂石打磨，用力须轻而匀，则书根光而平，否则不妥。订线用清水白绢线，双根订结，要订得牢，嵌得深，方能不脱而紧，如此订书，乃为善也。见宋刻本衬书纸，古人有用澄心堂纸，书面用宋笺者，亦有用墨笺洒金书面者，书（笺）〔签〕用宋笺藏金纸、古色纸为上。至明人收藏书籍，讲究装订者少。总用棉料古色纸书面，衬用川连者多。钱遵王述古堂装订书面，用自造五色笺纸，或用洋笺书面，虽装订华美，却未尽善。不若毛斧季汲古阁装订书面，用宋笺藏经纸、宣德纸染雅色，自制古色纸更佳。至于松江黄绿笺纸书面，再加常锦套金笺贴（笺）〔签〕最俗。收藏家间用一二锦套，须真宋锦或旧锦旧刻丝。不得已，细花雅色上好宫锦亦可，然终不雅，仅可饰观而已矣。至于修补旧书，衬纸平伏，接脑与天地头并补破贴欠口，用最薄绵纸熨平，俱照（旧补）〔补旧〕画法，摸去一平，不见痕迹，弗觉松厚，真妙手也。而宋元板有模糊之处，或字脚欠缺不清，俱用高手摹描如新，看去似刻，最为精妙。书套不用为佳，用套必蛀，虽放于紫檀香楠匣内藏之，亦终难免。惟毛氏汲古阁用伏天糊裱，厚衬料压平伏，裱面用洒金墨笺，或石青、石绿、棕色、紫笺俱妙。内用科举连裱里，糊用小粉、川椒、白矾、百部草细末，庶可免蛀。然而偶不检点，稍犯潮湿，亦即生虫，终非佳事。糊裱宜夏，折订宜春。若夏天折订，汗手并头汗滴于书上，日后泛潮，必致霉烂生虫，不可不防。凡书页少者宜衬，多者不必。若旧书宋元钞刻本，恐纸旧易破，必须衬之，外用护页方妙。书（笺）〔签〕用深古色纸裱一层，签要款贴，要正齐，不可长短阔狭，上下歪斜，斯为上耳。虞山装订书籍，讲究如此。聊为之记，收藏家亦不可不知也。”

曹溶《绛云楼书目后序》：“贾人之狡狯者，率归虞山，取不经见书，楮墨稍陈者，虽极柔茹糜烂，用法牵缀，洗刷如新触手，以薄楮袭其里，外则古锦装褫之。”

　　毓修按：此序不见刊本《绛云楼书目》，惟旧钞本有之。观此知今装订之法，始于明季也。古本狭小者，补缀后用白纸为里，四面放大，北京人谓之金镶玉，扬州人谓之袍套衬，苏州人谓之漆库衬。大约亦始于明季。

《士礼居藏书题跋续记（录）》：“《近事会元》五卷，装池出良工钱半岩手，近日已作古人，惜哉！其子曾亦世其业，而其装池却未之见，不知能传父之手工否。”

中国雕板源流考

雕板之始

世言书籍之有雕板,始自冯道。其实不然,监本始冯道耳。以今考之,实肇自隋时,行于唐世,扩于五代,精于宋人。

陆深《河汾燕闲录》:"隋文帝开皇十三年十二月〔八〕日,敕废像遗经,悉令雕造。"

《敦煌石室书录》:"大隋《永陀罗尼本经》,上面左有'施主李(和)〔知〕顺'一行,右有'王文沼雕板'一行。宋太平兴国五年,翻雕隋本。"

按:费长房《历代三宝记》亦谓隋代已有雕本,是我国雕板,托始于隋,而实张本于汉。灵帝时,惩贿改漆书之弊,熹平四年,命蔡邕写刻《石经》,树之鸿都门,颁为定本。一时车马阗溢,摹搨而归。则有颁诸天下,公诸同好之意,于雕板事已近。三代漆文竹简,冗重艰难,不可名状。秦汉以还,寖知钞录。楮墨之功,简约轻省,视漆简为已便矣;然缮写难成,故非兰台石室或侯王之家,不能藏书。自有印板,文明之化，乃日以广。汉唐写本，犹用卷轴，抽阅卷舒，甚为烦重；收集整比，弥费辛勤。雕本联合篇卷，装为册子，易成、难毁、节费、便藏，四善具焉。上溯周秦，下视六代，其巧拙为何如哉？

范摅《云溪友议》："纥干尚书（泉）〔臮〕[①]，苦求龙虎之丹十五馀稔。及镇江右，乃大延方术之士，作《刘弘传》，雕印数千本，以寄中朝。"

柳玭《训序》：叶梦得《石林燕语》引。"中和三年，在蜀阅书肆所鬻字书，率雕本。"

《国史志》："唐末益州始有墨板，多术数、小学、字书。"

朱（昱）〔翌〕《猗觉寮杂记》："唐末益州始有墨版。"

按：唐时雕本，宋人已无著录者。盖经五季兵戈之后，片纸只字，尽化云烟，久等于三代之漆简、六朝之缣素，可闻而不可见矣。近有江陵杨氏藏《开元杂报》七叶。《孙可之集》有《读开元杂报》文，当即此也，云是唐人雕本，叶十三行，每行十五字，字大如钱，有边线界栏，而无中缝，犹唐人写本款式，作蝴蝶装，墨影漫漶，不甚可辨。此与日本所藏永徽六年

---

①此处误"臮"作"泉"，盖转引《茶香室丛钞》卷九而误，此据《云溪友议》卷下改正。

《阿毗达磨大毗婆娑论》刻本,均为唐本之仅存者。

世传卷子本陶渊明《归去来辞》后署“大唐天祐二年秋八月九日馀杭龙兴寺沙门觉远刊行”云云,盖不足信。

官 本

监中墨简，始于长兴，历朝皆仿其故事。盖以颁一朝之定本，而杜虚造之弊也。罗愿《鹤林玉露》[1]：“宋兴，治平以前，犹禁擅镌，必须申请国子监；熙宁以后，乃尽弛此禁。”按此例元世犹然，其用意甚善。

《五代史》：“后唐明宗长兴三年，宰相冯道、李愚请令判国子监田敏校正《九经》，刻版印卖。”

又：“长兴三年二月，中书门下奏请依石经文字，刻《九经》印版，敕令国子监集博士生徒，将西京石经本，各以所业本经，广为钞写，子细看读；然后雇召能雕字匠人，各部随帙刻印，广颁天下。如诸色人要写经书，并须依所印敕本，不得更使杂本交错。其年四月，敕差太子宾客马缟、太子常丞陈观、太常博士段颙、路航、尚书屯田员外郎田敏充详勘官；兼委国子监于诸色选人中，召能书人端楷写出，旋付匠人雕刻，每日五纸，与减一选。”

---

①出处有误，当出自罗璧《识遗》。又《鹤林玉露》作者为罗大经，非罗愿。

又:"汉乾祐元年闰五月,国子监奏在雕印板《九经》,内有《周礼》《仪礼》《公羊》《穀梁》四经,未有印板,今欲集学官校勘四经文字镂版。从之。周广顺三年六月,尚书左丞兼判国子监事田敏进印板《九经》书、《五经〔文字〕》《〔九经〕字样》各二部,一百三十册。"《册府元龟》同。按《玉海》:"广顺三年六月丁巳,十一经及《尔雅》《五经文字》《九经字样》板成,判监田敏上之。"又:"景德二年九月,国子监言,《尚书》《孝经》《论语》《尔雅》四经字体讹缺,请以李鹗本别雕。"原注:"鹗字是广顺三年书。"与《册府》《会要》所载又多数种。

按:《九经》板,自长兴至此,历四朝唐、晋、汉、周。七主唐明宗长兴、后帝清泰、晋高祖天福、出帝开运、汉高祖天福、隐帝乾祐、周太祖广运。二十四年乃成。《册府元龟》载敏进书表曰:"臣等自长兴三年,校勘雕印《九经》书籍,经注繁多,年代殊邈,传写纰缪,渐失根源。臣守官胶庠,职司校定,旁求援据,上备雕镂。幸遇圣朝,克终盛事,播文德于有截,传世教以无穷。谨具陈进。"

《五代会要》:"显德二年二月,中书门下奏国子监祭酒尹拙状称准校《经典释文》三十卷,雕造印板。"

按:《经典释文》未毕,宋监续成之。

洪迈《容斋随笔》:"予家有旧监本《周礼》,其末云:

‘大周广顺三年癸丑五月雕造《九经》毕，前乡贡三礼郭嵠书。’列宰相李穀、范质、判监田敏等衔名于后。《经典释文》末云：‘显德六年己未三月，太庙室长朱延熙书。’宰相范质、王溥如前，而田敏以工部尚书为详勘官。此书字画端严有楷法，更无舛误。成都石本诸经：《毛诗》《仪礼》《礼记》，皆秘书省秘书郎张绍文书；《周礼》者，校书省校书郎孙朋古书；《周易》者，国子博士孙逢吉书；《尚书》者，校书郎周德政书；《尔雅》者，简州平泉令张德昭书。题云‘广政十四年’，盖孟昶时所镌，其字体亦精谨，两者并用士人笔札，犹有贞观遗风，故不庸俗，可以传远。唯《三传》至皇祐方毕工，殊不逮前。”

王明清《挥麈录》：“后唐平蜀，明宗命太学博士李锷《玉海》作鹗。书《五经》，仿其制作，刊板于国子监。明清家有锷书《五经》印本存焉，后题‘长兴二年’也。”与《五代会要》《玉海》不合。盖此记缮写之年，非雕成之日也。

按：今传蜀大字本《尔雅》，亦有“将侍郎守国子四门博士臣李鹗书”一行。自中原板荡，南渡以后，传本已希。故家往往有之，学者已不易见。敦煌石室出《金刚经》刻本，题“弟子归义军节度使特(注)〔进〕检校太傅〔兼御史大夫谯郡开国侯〕曹元忠普〔施〕受持。天福十五年〔已酉岁五月十五日记〕，雕板押衙雷(廷)〔延〕美”。五代雕本之见存者惟此。

《天禄琳琅》:"句中正字坦然,益州华阳人。孟昶时,授崇文馆校书郎,复举进士及第,为〔曹〕、潞二州录事参军,精于字学,古文、篆隶、行草无不工。太平兴国二年,献八体书,授著作佐郎、直史馆,历官屯田郎中(书)。后雍熙三年,敕新校定《说文解字》,牒文称其书宜付史馆,仍令国子监雕为印板,依《九经》书例,许人纳纸模价钱收赎。兼委徐铉等点检书写雕造,无令差讹,致误后人。"

《宋史》:"赵安仁字乐道,河南洛阳人,雍熙二年登进士第,补梓州榷监院判官。会国子监刻《五经正义》板本,以安仁善楷书,遂奏留书之。"

按:钱大镛《明文在凡例》:"古书俱系能书之士,各随其字体书之,无有所谓宋字也。明季始有书工,专写肤廓字样,谓之宋体。"所见宋元刊本,皆有欧赵笔意,即坊刻皆活脱有姿态。宋元时官私刊本,多记缮写人姓名,不但刻工也。如麻沙本《文心雕龙》末刻"吴人杨凤缮写",《松雪斋集》末刻"至元后己卯良月十日,花谿沈璜伯玉书"。宋元时,刻工姓名皆记于板心,或在上方,或在下方,盖亦《礼记》所称"物勒工名,以考其成"之意云。

蔡澄《鸡窗丛话》:"尝见骨董肆古铜方二三寸,刻《选》诗或杜诗、韩文二三句,字形反,不知何用。识者曰:'此名书范,宋太宗初年,颁行天下刻书之式。'"

按：鲍昌熙《金石屑》载韩文铜笵“《易》奇而法，《诗》正而葩，《春秋》谨严，《左氏》浮夸”四行，张卡未云：“此初刻板本时，官颁是器，以为雕刻模笵。考《韩文》始镌于蜀，则此固当是蜀主所命椠凿者。今蜀刻《石经》，间遇墨本数纸，好事者已矜为至宝，况为梨枣之初祖乎。鲍丈以文、宋丈之山、翁友海琛俱定为书笵。鲍丈云：‘审此文字，惟大宋、小宋家所刻之板，字画方得如此精好。’宋丈手题是匣云‘蜀椠韩文笵’。”

王应麟《玉海·艺文部》：“开运元年三月，国子监祭酒田敏以印本《五经〔文字〕》《〔九经〕字样》二部进，凡一百三十册。”

又：“端拱元年三月，司业孔维等奉敕校勘孔颖达《五经正义》百八十卷，诏国子监镂板行之。《易》则维等四人校勘，李说等四人详勘，又再校，十月板成，以献；《书》亦如之，二年十月以献；《春秋》则维等二人校，王炳等三人详校，邵声隆再校，淳化元年十月板成；《诗》则李觉等五人再校，毕道昇等五人详勘，孔维等五人校勘，淳化三年壬辰四月以献；《礼记》则胡迪等五人详校，纪自成等七人再校，李至等详定，淳化五年五月以献。是年刊监李至言，《义疏》《释文》，尚有讹舛，宜更加刊定；杜镐、孙奭、崔颐正苦学强记，请命之覆校。至道二年，至请命礼部侍郎李沆、校理杜镐、吴淑、直讲崔渥佺、孙奭、崔颐正校定。咸平元年正月丁丑，刘可名上言，（诗）〔诸〕经板本多误。上令颐正详校可名奏《诗》《书》正义差误事。二月庚戌，奭等改正九十四字。二年，命祭酒邢昺代领其事，舒雅、李维、李慕清、王涣、刘士元预焉。《五经正义》始毕。"

案：此即端拱《五经正义》。咸平中，又校刊《七经义疏》，朝野皆遵行之。马氏《经籍考》载其先公得景德中官本《仪礼疏》四帙，极为爱重。黄丕烈百宋一廛亦有此本，黄氏所诧为奇中之奇、宝中之宝者也。顾李易安仓皇避寇，而先弃书之监本者，见《金石录序》。似旧监本不为当时所重。

《玉海》："周显德中，二年二月。诏刻《序录》、《易》《书》《周礼》《仪礼》四经《释文》，皆田敏、尹拙、聂崇义校勘。自是相继校勘，《礼记》《三传》《毛诗音》，并拙等校勘。建隆三年，判监崔颂等上新校《礼记释文》。开宝五年,判监陈鄂与姜融等四人校《孝经》《论语》《尔雅释文》,上之。二月,李昉知制诰,李穆、扈蒙校定《尚书释文》。”

又:“景德二年二月甲辰,命孙奭、杜镐校定《庄子释文》。”

又:“《尔雅音义》一卷,释智骞所撰,吴铉驳其舛误。天圣四年五月戊戌,国子监请摹印德明《音义》二卷颁行。先是,景德二年四月丁酉,吴铉言国学板本《尔雅释文》多误,命杜镐、孙奭详定。”

又:“淳化五年七月,诏选官分校《史记》《前》《后汉书》。杜镐、舒雅、吴淑、潘谟修校《史记》,朱节再校。陈充、(况)〔阮〕思道、尹少连、赵况、赵安仁、孙可校《前》《后汉书》。”

案:此即淳化校刊《三史》。陈鳣《简庄艺文·元本后汉书跋》:“淳化本卷末有‘右奉淳化五年七月二十五日敕重刊正’一行,景德中又加修改。”

《玉海》:“咸平三年十月,校《三国志》《晋》《唐书》,五年毕。乾兴元年十〔一〕月(辛酉)〔戊寅〕,校定《后汉志》三十卷。天圣二年六月辛酉,校《南》《北史》《隋书》,四年十二月毕。嘉祐六年八月,校《梁》《陈》等书镂板,七年冬始集。八年七月,《陈书》始校定。”

案：此即嘉祐校刊诸史。王应麟云："《唐书》将别修，不刻板。"陆心源《皕宋楼藏书志》有宋嘉祐杭州刊本《新唐书》，前有嘉祐五年六月曾公亮进书表，则《唐书》实同时刊行，王氏以其不在国监，故未及之。宋时官本书籍，纸坚字软，笔画如写，皆有欧虞法度，避讳谨严，开卷一种书香，自生异味。《钦定天禄琳琅》："书籍刊行大备，要自宋始。校雠镌镂，讲究日精。"故今之言雕本者，极重宋板，而监本尤可贵。

李心传《朝野杂记》："监本书籍者，绍兴末年所刊也。国家艰难以来，固未暇及。九年九月，张彦实待制为尚书郎，始请下诸道州学，取旧监本书籍镂板颁行。从之。然所取者多残缺，故胄监刊《六经》无《礼记》，正史无《汉书》。二十一年五月，辅臣复以为言，上谓(周)〔秦〕益公曰：'监中其他阙书，亦令次第镂板，虽重有所费，不惜也。'由是经籍复全。"

案：此南宋补刊监本之大略也。岳珂《九经三传沿革例》谓："绍兴初仅取刻板于江南诸州，视京师承平刻本又相远。"殆未之深考耳。

《辽史》："兴宗二十三年，幸新秘书监。"

按：辽起沙漠，太宗以兵经略方内，礼文之事，多所未备。史记其藏书之府曰乾文阁。圣宗开泰元年八月，那沙国乞儒书，诏赐《易》《诗》《书》《春秋》《礼记》各一部。道宗清宁元年十二月，诏设学，颁诸经义疏。以此考之，则亦必有雕本。钱曾《读书敏求记·辽板龙龛手鉴跋》云"'统和十五年丁酉七月初一癸亥，燕台悯忠寺沙门智光字法炬为之序。'按耶律隆绪统和丁酉，宋太宗至道三年也，是时契丹母后称旨，国势强盛，日寻干戈，唯以侵宋为事。而一时名僧开士，相与探学右文，穿贯线之花，翻多罗之叶，镂板制序，垂此书于永久，岂可以其隔绝中国而易之乎？沈存中言：'契丹书禁甚严，传入中国者法皆死。'见《(谈笔)〔笔谈〕》。今此本独流传于劫火洞烧之馀，摩挲蠹简，灵光巍然，洵希世之珍也"云云。后此本流入昭仁殿，《天禄琳琅》著录，亦称为仅见之本。然原书作《龙龛手(鉴)〔镜〕》，此本避讳作鉴，已是宋人翻本，安得云辽板耶？则辽板竟不可得也。

《金史》："章宗明章五年，置弘文院，译写经书。"

按：金弘文院刻本，未见流传。盖所刻多译本，宜乎不见存于中原也。近世著录家多误以元本为金本。

《元史》:“太宗八年六月,立编修所于燕京,经籍所于平阳。世祖至元十年正月,立秘书监,掌图书经籍。二十七年正月,复立兴文署,掌经籍板。文宗天历二年二月,立艺文监,隶奎章阁学士院,专以国语敷译儒书,及儒书之令校雠者,俾兼治之。又立艺林库,专一收贮书籍;广成局,专一印行祖宗圣训。凡国制等书,皆隶艺文监。”

案:王士点《秘书监志》:“至元十一年,以兴文署隶秘书监,掌雕印文书。三十年,又并入翰林院。”召集良工,刊刻诸经子史板本,以《通鉴》为起端,其板至明初尚在。又刊蒙古文译本,见于《本纪》者,如成宗大德十一年八月刊行《孝经》,武宗至大四年六月刊行《贞观政要》,仁宗时刊行《大学衍义》《列女传》。世祖初年,用许衡言,取杭州在官书籍板及江西诸郡书籍板至京,亦令兴文署掌之。

《明史》:“洪武三年,设秘书监丞,典司经籍。至是从吏部之请,罢之,而以其职归之翰林院典籍。至十五年,又设司经局,属詹事院,掌经史子集制典图书刊辑之事,立正本、副本,以备进览。”

又:“洪武十五年,谕礼部:‘今国子监藏板残缺,其命儒臣考补,工部督修之。’二十四年,再命颁国子监子史等书于北方学校。”

梅鷟《南雍志·梓刻(书)本〔末〕》:“《金陵新志》所

载集庆路儒学史书梓数,正与今同。则本监所藏诸梓,多自旧国子学而来。自后四方多以书板送入。洪武、永乐时,两经修补。板既丛乱,旋补旋亡。成化初,祭酒王㑺会计之,已逾二万篇。弘治初,始作库供储藏。嘉靖七年,锦衣卫间住千户沈麟奏准校刊史书,礼部议以祭酒张邦奇、司业江汝璧学博才裕,使将原板刊补。其广东原刻《宋史》,差取付监。《辽》《金》二史,原无板者,购求善本翻刻,以成全史。邦奇等奏称《史记》《前》《后汉书》残缺模糊,剜补易脱,莫若重刻。后邦奇、汝璧迁去,祭酒林文俊、司业张星继之,方克进呈。"

丁丙《善本书室藏书志·明南监二十一史》:"万历以来,相隔又数十年,不得不重新镂板,皆非旧监之遗矣。尚有小字本《史记》,元刊明修《三国志》,则无从并收汇列也。"《元史》:"太宗十二年九月,以伊(宝)〔实〕特穆尔为御史大夫,括江南诸群书板及临安秘书省书籍。"《明史》:"太祖洪武元年八月,大将军徐达入元都收图籍。"是宋元监造墨板,尽入南监。《南雍志》所谓"本监所藏诸梓,多自旧国子学而来",今行世之宋雕明修、元雕明修诸本之所由来也。又云:"北监《二十一史》,奉敕重修者,祭酒吴士元、司业黄锦也。自万历二十四年开雕,阅十有一载,至三十四年竣事,皆从南监本缮写刊刻。虽行款较为整齐,究不如南监之近古且少讹字。"

《钦定日下旧闻(录)〔考〕》引《天下书目》:"北京国子板书,有《丧礼》一千六百八十二片,《类林诗(籍)

〔集〕》六十三片,《西林诗(籍)〔集〕》三十片,《青云赋》五十片,《字苑撮要》一百二十七片,《韵略》四十五片,《珍珠囊》八十二片,《(至)〔玉〕浮屠》十七片,《孟四元赋》一百十三片。"原注:"此所载明代书板藏之国学者,皆散佚无存矣。"

《明史·艺文志》:"明御制诗文,内府镂板。"

刘若愚《酌中志·内板经书记略》:"凡司礼监经厂库内所藏祖宗累朝传遗秘典书籍,皆提督总其事,而掌司监工分其细也。自神庙静摄年久,讲幄尘封,右文不终,官如传舍,遂多被匠夫厨役偷出货卖。拓黄之帖,公然罗列于市肆中,而有宝图书,再无人敢诘其来自何处者。或占空地为圃,以致无晒处,湿损模糊,甚至(擘)〔劈〕毁以御寒,去字以改作。即库中见贮之书,屋漏浥损,鼠啮虫巢,有蛀如玲珑板者,有尘霉如泥板者,放失亏缺,日甚一日。若以万历初年较,盖已什减六七矣。既无多学博洽之官,综核齐理;又无簿籍书目可考,以凭销算。盖内官发迹,本不由此,而贫富升沉,又全不关乎贪廉勤惰。是以居官经营者,多长于避事,而鲜谙大体,故无怪乎泥沙视之也。然既属内廷库藏,在外之儒臣又不敢越俎条陈。曾不思难得易失者,世间书籍为最甚。想在天之灵,不知如何其(恫)〔惘〕然叹息也。按《古文真宝》《古文精粹》二书,皆出老学究所选,累臣欲求大方〔于〕明白上水头古文选为入门,再将弘肆上水头古文选为极则;起自《檀弓》,选《左》、《国》、《史》、《汉》、诸子,共十七八,唐宋十二三，为一种；再将洪武以来程墨垂世之稿，亦选出一半为入门，一半为极则，亦为一种。四者同成二帙，以范后之内臣，奏知圣主，发司礼监刊行，用示永久，不知得遂志否也。皇城中内相学问，读《四书》《书经》《诗经》，看《性理》《通鉴节要》《千家诗》《唐贤三体诗》，习书柬活套，习作对联，再加以《古文真宝》《古文真粹》，尽之矣。十分聪明有志者，看《大学衍义》《贞观政要》《圣学心法纲目》，尽之矣。《说苑》《新序》，亦间及之。《五经大全》《文献通考》，涉猎者亦寡也。此皆内府有板之书也。先年有读《等韵》《海篇》部头，以便检查难字，凡不知典故难字，必自己搜查，不惮疲苦。至于《周礼》《左传》《国语》《国策》《史》《汉》，一则内府无板，一则绳于陋习，概不好焉，盖缘心气高满，勉强拱高，而无虚己受善之风也。《三国志通俗演义》《韵府群玉》，皆乐看爱买者也。除古本抄本杂书，不能遍开外，按现今有板者谱列于后，即内府之经书则例也。”

按：刘若愚所列内板书目，凡一百六十馀部，与周弘祖《古今书刻》所载，互有不同。

礼（清）〔亲〕王《啸亭杂录》：“崇德四年，文庙患国人不识汉字，命巴克什达文成公海翻译国语《四书》及《三国志》各一部，颁赐耆旧，以为临政规范。定鼎后，设翻书房于太和门西廊下，拣择旗员中谙习清文者充之，无定员。凡《资治通鉴》《性理精义》《古文渊鉴》诸书,皆翻译清文刊行。"

吴长元《宸垣识略》:"武英殿在熙和门西,南向,崇阶九级,环绕御河,跨石桥三。前为门三间,内殿宇前后二重,(前)〔皆〕贮书板。北为浴德堂,即修书处。其后西为井亭。"

《钦定日下旧闻(录)〔考〕》:"国子监彝伦堂后为御书楼,内尊藏《圣祖御制文集》、《世宗御制文集》板,及御纂诸经,《十三经》《二十二史》各板本皆贮焉。"

案:武英殿刻书,未知始于何时。今考《御定全唐诗》及《历代诗馀》皆刊于康熙四十五六年,而何义门在康熙四十二年已兼武英殿纂修,则由来已久。今考《东华录正续》,乾隆朝在武英殿开雕书籍,见诸谕旨者:三年雕《十三经注疏》,四年《明史》雕成,续雕《〔二〕十一史》,十年雕《明纪纲目》,十一年雕《国语解》,十二年雕《三通》,四十八年雕《相台五经》。《啸亭杂录》云:"列圣万几之暇,博览经史,爰命儒臣选择简编,亲为裁定,颁行儒官,以为士子模范。"今按《皇朝通考》及刘锦藻《皇朝续通考·艺文志》所载,当时钦定御制书名,凡经类二十六部,史类六十五部,子类三十六部,集类二十部,凡一百四十七部。古今刻书之多,未有若清朝者也。古香斋袖珍本十种,当亦刻于武英殿。聚珍板书,详见活(本字)〔字本〕类。

陈骙《中兴馆阁续录》:“秘书郎莫叔光上言:‘今承平滋久,四方之人,益以典籍为重。凡搢绅家世所藏善本,外之监司郡守,搜访得之,往往锓板,以为官书,其所在各板行。’”

李心传《朝野杂记》:“王瞻叔为学官,常请摹印诸经疏及《经典释文》,贮郡县以赡学。”

《中兴馆阁续录》:“搜访库有诸州印板书籍六千九十八卷,一千七百二十一册。”

《朱子大全集》:“按唐仲友状,蒋辉供去年三月内,唐仲友叫上辉,就公使库开雕《扬子》《荀子》等印板,辉共王定等一十人在局开雕。”

按:唐仲友所刊《荀子》,今尚有传本。其他监司郡守刻本,传者有《眉山七史》、耿秉桐川郡《史记》、湖北庾司《汉书》、江西漕司本《三国志》、湖南漕使本《贾子新书》、孙大正温陵州本《读史管见》、越州蓬莱阁本《论衡》、福清县学《真西山读书记》、兴国学《春秋左传(書)〔音〕义》、宜春郡斋《春秋分记》、衡州郡庠《四书》,皆宋时官本也。

《金史》:“金太宗八年,立经籍所于平阳,刊行经籍。”

案:金初以平阳为次府,置建雄军节度使。天会六年,升总督府,置转运使,为上府。衣冠文物,甲于河东,故于此设局刊书,一时坊肆,亦萃于此。至于元代,其风未衰,亦河北之麻(河)〔沙〕、建阳也。

《楹书隅录·金本新刊礼部韵略》:钱大昕跋云:"向读昆山顾氏、秀水朱氏、萧山毛氏、毗陵邵氏论韵,谓今韵之并,始于平水刘(阅)〔渊〕。其书名《壬子新(刻)〔刊〕礼部韵略》,访求藏书家,邈不可得。未审刘(阅)〔渊〕何许人,平水何地也。顷吴门黄荛圃孝廉得平水《新刊韵略》元椠本,急假归读之,前载正大六年许道真序,知此书为平水书,王文郁所定。卷末有墨图记二行,其文云:'大德丙午重刊新本,平水中和轩王宅印。'是此书刊刻于金正大己丑,重刊于元大德丙午。'中和轩王宅',或即文郁之后耶?许序称'平水书籍王文郁',初不可解。顷读《金史·地理志》,平阳府有书籍,其倚郭平阳有平水,是平水即平阳也。按《汉书·地理志》,尧都平水之阳。金时或以平阳近水之处谓之平水也。史言'有书籍'者,盖置局设官于此。元太宗八年,用耶律楚材言,立经籍所于平阳,当是因金之旧。然则'平水书籍'者,殆文郁之官称耳。"

案:平水为金元时官民雕板之所。《道德宝章》卷尾有木记题:"金正大戊子,平水中和轩王宅重刊。"《重修证类本草》为金泰和甲子刊本。《证类本草增附衍义》，大德丙午，平水许宅印。《尔雅注》序后有木记，序录刻书原委，末署“大德己亥，平水曹氏进德斋谨志”。《论语注疏解经》有“平阳府梁宅刊”“尧都梁宅刊”字样。

《元史》：“仁宗朝，集贤大学士库春言：‘唐陆淳著《春秋传例》《辨疑》《微旨》三书，有益后学，请江西行省锓梓以广其传。’从之。”

倪灿《宋史艺文志补·序》：“郡邑儒生之著述，多由本路进呈，下翰林看详可传者，命江浙行省或所在各路儒学刊行。故何、王、金、许之书，多赖以传。鄱阳马氏《通考》且出于羽流之荐达，可谓盛矣。”

元瑞州路学刊本《隋书》欧乡周(自)〔似〕周序：“曩(序)〔予〕录(卢)〔庐〕陵乡校，有《史记》《东汉书》而无《西汉》。及长鹭洲书院，则仅《西汉》一书而已。尝叹安得安西书院所刊经史，会为全书。今教瑞学，有《通鉴》全文，又在《十七史》外。至顺壬申夏，□奉□省宪令，备儒学提举。高承事言，《十七史》书，书本极少。江西学院惟吉安有《史记》《东》《西汉书》，赣学有《三国志》，临江路学《唐书》，抚学《五代史》，馀缺《晋书》《南史》《北史》《隋书》。若令龙(昌)〔兴〕路学刊《晋书》，建昌路学刊《南》《北史》，瑞州路学刊《隋书》，便如其请，俾行之无怠。府委录事欧阳将仕同召匠计工，周教授专校勘刊雕，提举(使)〔司〕令自寻善本。本学首访到建康本《十七史》内《隋书》,考订未免刻画粗率,句字差讹。后得袁赵氏本颇善,今所校定,又千有馀字。”

陆心源《皕宋楼藏书志》:“元本《北史》有大德丙午建康道牒诸路刊史。《两汉》则太平路,《三国志》则池路,《隋书》则瑞州路,《北史》则信州路,《唐书》则平江路。”

袁〔漫〕恬《书隐丛说》:“官书之风,至明极盛。内而南北两京,外而道学两署,无不盛行雕造。官司至任,数卷新书,与土仪并充馈品,称为书帕本。”

按:明时官司衙署刊本,周弘祖《古今书刻》略载之。明祖分封诸王,各赐宋板书帖,诸王亦能于养尊处优之馀,校刊古籍,模印精审,至今见称。如沈、唐、潞、晋、徽、益诸藩,皆有传刻。清二百七十年中,官署、学校所刻尤多。

况周仪《蕙风簃二笔》:“咸丰十一年八月,曾文正克复安庆,部署粗定,命莫子偲大令采访遗书。既复江宁,开书局于冶城山,此江南官书局之俶落也。”

按:自同治己巳,江宁、苏州、杭州、武昌同时设局后,淮南、南昌、长沙、福州、广(雅)〔州〕、济南、成都继起,所刻四部书,亦复不少矣。

家塾本

《五代史·和凝传》:“集百馀卷,自镂板行世。”

王明清《挥麈录》:“蜀相毋公,蒲津人。先为布衣,尝从人借《文选》《初学记》,多有难色。公叹曰:‘恨余贫,不能力致!他日稍达,愿刻板印之,庶及天下学者。’后公果显于蜀,乃曰:‘今可以酬夙愿矣。’因命工日夜雕板,印成二书。复雕《九经》、诸史,(西)〔两〕蜀文字,由此大兴。洎蜀归宋,豪族以财贿祸其家者什八九。会艺祖好书,命使尽取蜀文集诸印本归阙,忽见卷尾有毋氏名,以问欧阳炯。炯曰:‘此毋氏家钱自造。’艺祖甚悦,即令以板还毋氏。是时其书遍于海内。初在蜀雕印之日,众嗤笑。后家累千金,子孙禄食,嗤笑者往往从而假贷焉。左拾遗孙逢吉详言其事如此。”

周密《癸辛杂识》:“贾师宪选十三朝国史、会要、诸杂说,如曾慥《类说》例,为百卷,名《悦生堂随钞》。板成未及印,其书遂不传,其所援引多奇书。廖群玉诸书,则始《开景福(莑)〔華〕编》,备载江上之功,事虽夸而文可采,江子远、李祥父诸公皆有跋。《九经》本最佳,凡以数十种比较,百馀人校正而后成。以抚州萆钞纸、油烟墨印造,其装池至以泥金为签。然或者惜其删落诸经注,反不若韩柳文为精妙。又有《三礼节》《左传节》《诸史要略》,又在建宁开《文选》。其后又欲开手节《十三经注疏》、姚注《战国策》、《注坡诗》,皆未及入梓,而国事异矣。”

按:宋时家刻善本,传者颇多,如相台岳氏珂刻《五经》、《天禄琳琅书目》:“岳珂乃飞孙,本相州汤阴人,故以相台表望。南渡后,徙常州,今宜兴有珂父霖墓,故家塾以荆溪为名。”眉山程舍人家刻《东都事略》、永嘉陈玉父刻《玉台新咏》、寇约刻《本草衍义》、崔尚书宅刻《北磵文集》、祝穆刻《方舆胜览》,皆非率尔雕印者。元人家塾本,如花溪沈伯玉家所刻之《松雪斋集》,字仿文敏,最为精雅。

孙庆增《藏书纪要》:“洪武、永乐间所刻之书,尚有古意。至于以下之板,更不及矣。况明季刻本至繁,自南北监板以至藩邸刻本、御刻本、钦定本、各学刻本、各省抚按等官刻本,又有闽板、浙板、广板、金陵板、太平板、蜀板、杭州刻本、河南刻本、延陵板、袁板、樊板、〔无〕锡安氏板、坊板、凌板、葛板、陈明卿板、内监厂板、陈眉公板、胡文焕板、内府刻本、闵氏套板,所刻不能悉数。惟有王板翻刻宋本《史记》之类为最精。北监板、内府板、藩板行款字脚不同。袁板亦精美,较之胡文焕、陈眉公所刻之书多而不及。其外各家私刻之书,亦有善本可取者,所刻好歹不一耳。稚川凌氏与葛板无错误,可作读本。独有广、浙、闽、金陵刻本最恶而多。陈明卿板、闵氏套板亦平常。汲古阁毛氏所刻甚繁,好者亦仅数种。”

按:明代家刻,除孙氏所引外,其著者尚有郭云鹏、所刊有李、杜、韩、柳、欧阳诸集。汪文盛、刊《两汉书》等。顾元庆、刊《顾氏文房小说》,黄荛圃称为善刻。项子京、刊《东观馀论》。菉竹堂、刊《拾遗记》。世德堂。刊《六子全书》及《拾遗记》。诸家丛书起于宋元之间,(喻)〔俞〕鼎孙之《儒学警悟》、左禹锡之《百川学海》,其最古矣。虞山汲古阁毛晋及其季子扆刻至数百种,可谓盛矣。有清诸收藏家,皆喜刻书,仿宋元本,有绝精者。校勘之勤,更非前人所及。如歙县鲍廷博之知不足斋、广州伍崇曜之粤雅堂,皆以私家之力,而刻书至数百种。若刻至数十种者,尤数见不鲜云。

坊刻本

雕刻印卖,始于唐季,至宋而盛极矣。高文虎《蓼花洲闲录》:“祥符中,西蜀二举人至剑门张恶子庙祈梦。梦神授以来岁状元赋,以‘铸鼎象物’为题。至御试,题果出《铸鼎象物赋》,韵脚尽同。思庙中所书,一字不能上口,草草命笔而出。及唱名,皆被黜,状元乃徐奭也。既见印卖赋,比庙中所见者,无一字异。”观高氏云云,则宋初已有书肆印卖新状元赋,如后世印卖乡会试卷之例,坊刻之多可知矣。

赵希鹄《洞天清禄集》:“镂板之地有三:吴、越、闽。”

按:宋时书肆有牌子可考者,如王氏梅溪精舍、魏氏仁宝书堂、秀岩书堂、《增修互注礼部韵略》后有“太岁丙午仲夏,秀岩书堂重刊”牌子。瞿源蔡潜道宅墨堂、刊《管子》。广都裴宅、《天禄琳琅》:“《文选》昭明序后有‘此集精加校正,绝无舛误,见在广都县北门印卖’木记。考《一统志·四川统部表》载益州蜀郡,东晋分成都,置怀宁、始康二郡,又分广都县,置宁蜀郡。是广都县之称,得名最古。宋时锼板，蜀最称善。此本字体结构谨严，镌刻工整，洵蜀刊之佳者。木记应是当时裴姓书肆所标，亦廖世綵堂之例也。又一部云：'此集精加校正，绝无舛误，见在广都县北门裴宅印卖。'书末刻记：'河东裴氏考订诸大家善本，命工锲于宋开庆辛酉季夏，至咸淳甲戌仲春工毕，把总镌手曹仁。'"稚川世家传梫堂、《司马氏书仪》光宗壬子刻本，有墨图记曰"传梫书堂"、曰"稚川世家"。建安刘日省三桂堂、建邑王氏世翰堂、《史记索隐》末卷载"嘉祐二年，建邑王氏世翰堂锼板"。建安王懋甫桂堂、《选青赋笺》目录后有"建安王懋甫刻梓于桂堂"。建安郑氏宗文堂、《重刊大广益会玉篇》。建宁府王八郎书铺、刊《钜宋广韵》。建安虞平斋务本书坊、见《增刊校正王状元集(及)〔注〕分类东坡先生诗》。建安慎独斋、建安刘尗刚宅。独建安余氏创业于唐，历宋、元、明未替，为书林之最古者。

《九经三传沿革例》："《九经》世所传本，以兴国于氏、建安余氏为最善。"

《天禄琳琅续编·仪礼图》："是刊序后刻'余志安刊于勤有堂'。按宋板《列女传》载'建安余氏靖安刻于勤有堂'，乃南北朝余祖焕始居闽中，号勤有居士。盖建安自唐为书肆所萃，余氏世业之，仁仲最著。岳珂所称建安余氏本也。"

又："《礼记》每卷有'余氏刊于万卷堂'，或'余仁仲刊于家塾'。"

王先谦《续东华录》:“乾隆四十年正月丙寅,谕军机大臣等:‘近日阅米芾墨迹,其纸幅有“勤有”二字印记,未能悉其来历。及阅内府所藏旧板《千家注杜诗》,向称为宋板者,卷后有“皇庆壬子余氏刊于勤有堂”数字。皇庆为元仁宗年号,则其板似元非宋。继阅宋板《古列女传》,书末亦有“建安余氏靖安刊于勤有堂”,则宋时已有此堂。因考之宋岳珂《相台家塾五经》,论书板之精者,称“建安余仁仲”,虽未刊有堂名,可见闽中余板,至南宋久已著名,但未知北宋时即以勤有名堂否。又他书所载,明季余氏建板犹盛行,是其世业流传甚久。近日是否相沿,并其家刊书始自北宋何年,及勤有堂名所自,询之闽人之官于朝者,罕知其详。若在本处查考,尚非难事。着传谕钟音,于建宁府所属,访查余氏子孙,现在是否尚习刊书之业,并建安余氏自宋以来刊行书板源流,及勤有堂昉于何代何年,今尚存否,或遗迹已无可考,仅存其名,并其家在宋时曾否造纸,有无印记之处。或考之志乘,或征之传闻,逐一查明,遇便覆奏。此系考订文墨旧闻,无关政治,钟音宜选派诚妥之员,善为询访,不能稍涉张皇,尤不得令胥役等借端滋扰。将此随该督奏摺之便,谕令知之。’寻据奏:‘余氏后人余廷勷等呈出族谱,载其先世自北宋迁建阳县之书林,即以刊书为业。彼时外省板少,余氏独于他处购选纸料,印记“勤有”二字,纸板俱佳,是以建安书籍盛行。至勤有堂名,相沿已久。宋理宗时,有余文兴号勤有居士,亦系袭旧有堂名为号。今余姓见行绍庆堂书集，据称即勤有堂故址，其年代已不可考。'"

按：余氏勤有堂之外，别有双桂堂、三峰书舍、广勤堂、万卷堂、勤德书堂等名。诸余有靖安、静庵、唐卿、志安、仁仲等名。《平津馆鉴藏记》："《千家集注分类杜工部集》及《分类李太白集》皆有'建安〔余氏〕勤有堂刊'篆书木记。别一本则将此记削去，而易以'汪谅重刊'字样。"[①] 考汪谅为明初北京书贾，盖余氏式微，其旧板即转售他人耳。

祝穆《方舆胜览》："建宁府土产书籍行四方。"原注："麻沙、崇化两坊产书，号为图书之府。"

《福建省志·物产门》："书籍出建阳麻沙、崇化二坊。麻沙书坊元季毁。今书籍之行四方者，皆崇化书坊所刻者也。"又："建安，朱子之乡，士子侈说文公，书坊之书盛天下。"

按：建宁，今福建建宁府地，宋时领县六：建安、浦城、嘉禾、松溪、崇安、政和。麻沙、崇化，盖建安厢坊之名。余氏书铺在崇化，不在麻沙，至正刊《大唐律书》后有记云"崇化余志安刊于勤有堂"，可证也。

---

①按《平津馆鉴藏记》仅著录建安余氏勤有堂刊《分类补注李太白诗》，作者误记。此段记载实出《天禄琳琅书目》。

又称崇川,《新纂门目五臣音注杨子法言》有“崇川余氏家藏”云云。或以祝氏云坊,遂指麻沙、崇化为宋时坊肆,误矣。

朱子《嘉禾县学藏书记》:“建阳麻沙板本书籍行四方者,无远不至。而学于县之学者,乃以无书可读为根。今知县事姚始鬻书于市,上自六经,下及(列)〔训〕传、史记、子集,凡若干卷,以充入之。”

周亮工《书影》:“岳(一)〔亦〕斋说:康伯可《顺庵乐府》,今麻沙尚有之。麻沙属建阳县,镌书人皆在麻沙一带。”

陆游《老学庵笔记》:“三舍法行时,有教官出《易》义题云:‘乾为金,坤又为金,何也?’诸生乃怀监本至帘前请曰:‘先生恐是看了麻沙板,若监本则“坤为釜”也。’”《石林燕语》亦有此语。又云:“今天下印书,以杭州为上,蜀本次之,福建最下。京师比岁印板,殆不减杭州,但纸不佳。蜀与福建,多以柔木刻之,取其易成而速售,故不能久。”①

《经籍(坊)〔访〕古志》:“《方舆胜览》书(简)〔首〕有咸淳二年六月福建转运使司禁止麻沙书坊翻板榜文。”

建阳麻沙本《杨子》序后有印记:“本宅今将监本《四子》纂图互注,附入重言重意,精加校正,(並)〔兹〕无讹

---

① “又云”以下原作大字,然此段记载见《石林燕语》,不见《老学庵笔记》,故改为小字。

谬，(腾)〔謄〕作大字刊行，务令学者得以参考，互相发明，诚为益之大也。建安空三字。谨(啓)〔咨〕。”

施可斋《闽杂记》：“麻沙书板，自宋著称。明宣德四年，衍圣公孔彦缙以请市福建麻沙板书籍咨礼部，尚书胡濙奏闻，许之，并令有司依值买纸摹印。弘治十二年，敕福建巡按御史厘正麻沙书板。嘉靖五年，福建巡按御史杨瑞、提督学校副使邵(说)〔诜〕请于建阳设立官署，派翰林春坊官一员监校麻沙书板。寻命侍读汪佃领其事，皆载礼部奏稿，是明时麻沙书且官监校矣。今则市屋数百家，无一书坊。或言建阳、崇安接界处有书坊村，所印之书，讹脱舛漏，纸甚丑恶。数百年擅名之处，不知何时降至此也。”

方回《瀛奎律髓》：“陈起，睦亲坊开书肆，自称陈道人，字宗之，能诗，凡江湖诗人皆与之善，尝刊《江湖集》以售。宗之诗有云：‘秋雨梧桐皇子府，春风杨柳相公桥。’哀济邸而诮弥远也。或嫁其语于敖器之，言者论列，劈《江湖集》板，宗之坐流配。”亦见周密《齐东野语》。

戴表元《剡源集·题孙过庭书谱后》：“杭州陈道人家印书，书之疑处，率以己意改令谐顺，殆是书之一厄。”

杨复吉《梦阑琐笔》：“陈思汇刻《群贤小集》，自洪迈以下六十四家，流传甚罕。鲍以文诗云：‘大街棚北睦亲巷，历历刊行字一行。喜与太丘同里闬，芸编重拟续芸香。’注云：‘陈解元诗名《芸香稿》，子名续芸。’”

《楹书隅录》：“钱心湖先生跋所藏《棠湖诗稿》云：

'卷末称"临安府棚北大街陈氏印行"者,即书坊陈起解元也。〔曹斯栋《稗贩》〕以《南宋群贤遗集》刊于临安府棚北大街者为陈思,而谓陈起自居睦亲坊。然余所见名贤诸集,亦有称"棚北大街睦亲坊陈解元书籍铺印行"者,是不为二地。且起之字芸居,思之字续芸,又疑思为起之后人也。'《天禄琳琅续志》云:"陈思为起之子。"予按《群贤小集》,石门顾君修已据宋本校刊,亦疑思为起之子。思又著有《宝刻丛编》,尤为渊博。盖南宋时临安书肆有力者,往往喜文章,好撰述,而江钿、刻《圣宋文海》。陈氏,其最著者也。"

钱大昕《艺圃搜奇跋》:"元末钱唐陈世隆彦高、天台徐一夔大章避兵槜李,相善。彦高箧中携秘书数十种,检有副本,悉以赠大章,汇而编之,世无刊本。"

《天禄琳琅》:"《容斋随笔》目录后记'临安府鞔鼓桥南河西岸陈宅书籍铺印'。考《杭州府志》,鞔鼓桥属仁和县境,今桥名尚沿其旧,与洪福桥、马家桥相次,在杭州府城内西北隅。按魏了翁《鹤山集·书苑精华序》云:'临安鬻书人陈思,集汉魏以来论书者为一编,最为该博。'又《南宋六十家小集》,亦陈思汇编,书尾皆识'临安府棚北大街陈氏书籍铺刊行'。《瀛奎律髓》注:'临安又有卖书者,号小陈道人。'据此则当时临安书肆,陈氏多有著名。惟陈思在大街,陈起在睦亲坊,即今弼教坊,皆非鞔鼓桥之书铺也。"

叶名澧《桥西杂志》:"宋钱唐陈思著《宝刻丛编》,以记所见金石文字。临安陈起喜与文士交,刻六十二家诗,为《江湖小集》。”

又:“陈思《宝刻丛编前序》有‘陈思道人’之语。张氏金吾《爱日精庐藏书志》卷七‘宋刻《释名》残本四卷’前有‘临安府陈道人书籍铺刊行’计十一字。按书贾称道人,今久不闻,亦不知何意。”

按:陈思所撰有《小(名)〔字〕录》《海棠谱》,今皆存,又刻《唐人小集》数十家。

《皕宋楼藏书志》:“《宋诗拾遗》二十三卷,旧钞本,元钱唐陈世隆彦高选辑。按世隆,书贾陈思之从孙。”

《志雅堂杂钞》:“先子向寓杭,收异书。太庙前尹氏,尝以《采画三辅黄图》一部求售,每一宫殿,各绘画成图,甚精妙,为衢人柴氏所得。”

《铁琴铜剑楼藏书志》:“《寒山诗》,题‘杭州钱塘门里车桥南大街郭宅纸铺印行’。《李丞相诗集》,题‘临安府洪桥子南河西岸陈宅书籍铺印’。”

《读书敏求记》:“《茅亭客话》十卷,元祐癸酉西平清真子石京募工镂板,此则尹家书籍铺刊行本也。”

《士礼居题跋记》:“《续幽怪录》四卷,临安府太庙前尹家书籍铺刊行本也。《茅亭客话》,遵王记之,而此书绝未有著于录者,可云奇秘矣。”所见尚有康骈《剧谭录》,亦尹家书籍铺印行。

按：金元二朝官设书籍于平水，一时坊肆，亦聚于是。其他吴、越、闽三处之盛，亦不减于宋。如杭州有刘世荣、大德十年刊《风科集验方》。勤德堂、《皇元风雅》后有“古杭勤德堂谨咨”云云。万卷堂董氏、翠岩精舍。刊郎注《陆宣公奏议》《大广益会玉篇》。安（城）〔成〕有彭寅翁、中（院）〔统〕本《史〔记〕》后有牌子“安成郡彭寅翁刊于崇道〔精舍〕”[①]。玉融书堂、刊《增广事类氏族大全》。刘氏日新堂至正丙（寅精舍）〔申〕刊《韵府》，之后戊寅刊《春秋集传释义》。等名。

胡应麟《经籍会通》：“今海内书，凡聚之地有四：燕市也，金陵也，阊阖也，临安也。闽、楚、滇、黔，则余间得其梓。秦、晋、川、洛，则余时友其人。辇下所雕者，每一当浙中三，纸贵故也。越中刻本亦希，而其地适当东南之会，文献之衷，三吴七闽，典籍萃焉。吴会、金陵，擅名文献，刻本至多。钜册类书，咸会萃焉。自本方所梓外，他省至者绝寡。燕中书肆，多在大明门之右，及礼部门之外，及拱宸门之西。武林书肆，多在镇海楼之外，及涌金门之内，及弼教坊、清和（和）〔河〕坊，皆四达衢也。金陵书肆，多在三山街，及太学前。姑苏书肆，多在阊门内外，及吴县前。书多精整也，率其地梓也。”又云：“凡刻之地有三：吴也，越也，闽也。蜀〔本〕，宋（本）称最善，近世甚

①按彭寅翁崇道精舍刊本《史记》为元至元本，不为中统本。

希。燕、粤、秦、楚，今皆有刻，类自可观，而不若三方之盛。其精，吴为最；其多，闽为最；越皆次之。其直重，吴为最；其直轻，闽为最；越皆次之。”

王世贞《童子鸣传》：“童子鸣名珮，世为龙游人。父曰彦清，子鸣少依父游。诗有清韵，尤善考证诸书画名迹、古碑彝敦之属。兄珊，举于邑，为诸生。子鸣归，必就兄书舍买升酒相劳苦。高淳韩邦宪出守衢，行部过其家龙丘山坞中，索所辑唐故邑令杨炯、邑人徐安贞集，锓梓行之。”

按：明自嘉靖前，刻尚不苟，亦有牌子，以记雕造岁月及铺号者。后则惟家刻本著某堂某斋之名于板心，盖仿宋廖氏世綵堂之例。明时书肆如广成书店、《唐韵》后有“永乐甲辰良月，广成书店”牌子。清江书屋、《大广益会玉篇》后有“宣德辛亥，清江书堂绣梓”。文业堂、《初学记》后有“嘉靖丁酉，书林文业堂”牌子。刘氏（至）〔明〕德堂、《大广益会玉篇》。慎独斋刘弘毅、刊《十七史详节》、《韩柳集》、《容春堂集》，书铺在北京。金台书店汪谅、汪刻《文选》云“金台书店汪谅，见在正阳门内第一巡警更铺对门，翻刻宋元本七种，重刻古板七种”。书林魏氏仁实堂、见景泰本《性理大全》。聚宝门来宾楼姜家、见《高僧传》。新贤书堂。见嘉靖本《续通鉴节要》。清时书坊刻书之多，莫如苏州席氏扫叶山房，如《十七史》、《四朝别史》、《百家唐诗》、《元诗选癸集》，其最著者。贩夫盈门,席氏之书不胫而走天下。湖南、江西、福建三省,以刻工纸墨皆廉,坊肆聚焉。其本至劣,不及宋元麻沙诸刻多矣。

活字印书法

活字印书法,创于宋初。近日盛行铅字,制模浇字,悉用机器。由源及委,则旧法亦不可不知也。

沈括《梦溪笔谈》:"庆历中,有布衣毕昇为活板。其法用胶泥刻字,薄如钱唇。每字为一印,火烧令坚。先设一铁板,其上以松脂腊和纸灰之类冒之。欲印,则以一铁范置铁板上,乃密布字印,满铁范为一板,持就火炀之。药稍镕,则以一平面按其面,则字平如砥。若止印一二本,未为简易;若印数十百千本,则极为神速。"亦见江少虞《皇朝事实类苑》。

《天禄琳琅·宋本毛诗》:"《唐风》内'自'字横置,可证其为活字板。"

元王祯《〔造〕活字印书法》:附武英殿聚珍板书《农书》后。"古时书皆写本,学者艰于传录,故人以藏书为贵。五代唐明宗长兴二年,宰相冯道、李愚请令判国子监田敏校正《九经》刻板印卖,朝廷从之。锓梓之法,其本于此,因是天下书籍遂广。然而板木工匠,所费甚多,至有一书字板,功力不及数载难成。虽有可传之书,人皆惮其工费,不能印造传播后世。有人别生巧技,以(錢)〔鐵〕为印盔界行,用稀沥青浇满,冷定取平,火上再行煨化,以烧熟瓦字,排于行内,作活字印板。为其不便,又以泥为盔,界行内用薄泥,将烧熟瓦字排之,再入窑内,烧为一段,亦可为活字板印之。近世又铸锡作字,以铁条贯之作行,嵌于(盥)〔盔〕内(介)〔界〕行印书。但上项字样,难于使墨,率多印坏,所以不能久行。今又有巧便之法,造板(墨)〔木〕作印盔,削竹片为行,雕板木为字,用小细锯锼开,各作一字,用小刀四面修之,比试大小高低一同。然后排字作行,削成竹片夹之。盔字既满,用木掮掮先结切。之使坚牢,字皆不动。然后用墨刷印之。

“写韵刻字法:先照监韵内可用字数,分为上下平、上、去、入五声,各分韵头,校勘字样,抄写完备。作书人取活字样制大小,写出各门字样,糊于板上,命工刊刻。稍留界路,以凭锯截。又有语助词之乎者也字,及数目字,并寻常可用字样,各分为一门,多刻字数。约三万馀字。写毕,一如前法。

“锼字修字法:将刻讫板木上字样,用细齿小锯,每字四方锼下,盛于筐筥器内。每字令人用小裁刀修理齐整。先立准则,于准则内试大小高低一同。然后另贮别器。

“作盔嵌字法:于元写监韵各门字数,嵌于木盔,内用竹片,行行夹住。摆满用木(□)〔掮〕轻掮之,排于轮上。依前分作五韵,用大字标记。

“造轮法:用轻木造为大轮,其轮盘径可七尺,轮轴高可三尺许,用大木砧凿窍,上作横架,中贯轮轴,下有钻臼,立转轮盘,以圆竹笆铺之。上置活字板面,各依号数,上下相次铺摆。凡置轮两面,一轮置监韵板面,一轮置杂字板面。一人中坐,左右俱可推转摘字。盖以人寻字则难,以字就人则易。以此转轮之法,不劳力而坐致字数。取讫,又可铺还韵内,两得便也。

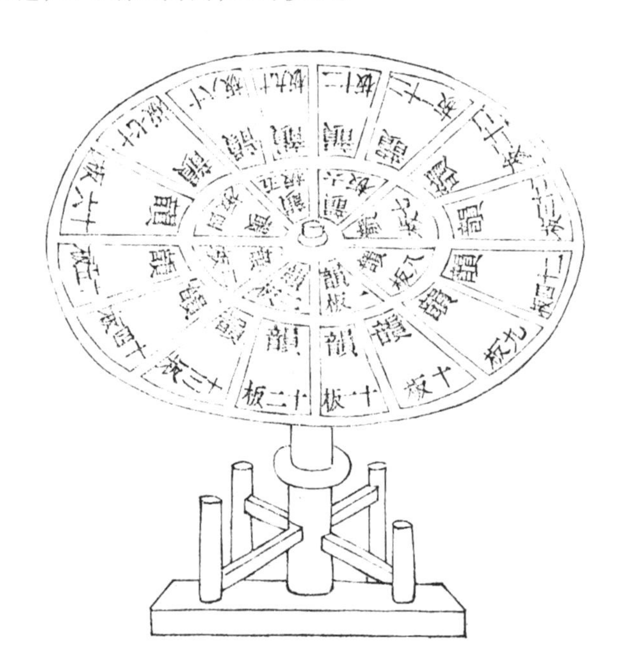

"取字法:将元写监韵另写一册,编成字号,每面各行各字,俱计号数,与轮上门类相同。一人执韵依号数喝字,一人于轮上元布轮字板内,取摘字只嵌于所印书板盔内。如有字韵内别无,随手令刊匠添补,疾得完备。

“作盔安字刷印法：用平直干板一片，量书面大小，四围作栏，右边空候，摆满盔面，右边安置界栏，以木掮掮之。界行内字样，须要个个修理平正。先用刀削下诸样小竹片，以别器盛贮；如有低邪，随字形衬簟徒念切。掮之。至字体平稳，然后印刷之。又以棕刷顺界行竖直刷之，不可横刷。印纸亦用棕刷顺界行刷之。此用活字板之(完)〔定〕法也。

“前任宣州旌德县县尹时，方撰《农书》，因字数甚多，难于刊印，故尚己意，命匠创活字，二年而工毕。试印本县志书，得计六万馀字，不一月而百部齐成，一如刊板，始知其可用。后二年，余迁任信州永丰县，挈而之官，是时《农书》方成，欲以活字嵌印。今知江西，现行命工刊板，故且收贮，以待别用。然古今此法，未见所传，故编录于此，以待世之好事者，为印书省便之法，传于永久。本为《农书》而作，因附于后。”

按：元人活字本，今无传者。

邵宝《容春堂集·会通君传》：“会通君姓华氏，讳燧，字文辉，无锡人。少于经史多涉猎，中岁好校阅同异，辄为辨证，手录成帙；遇老儒先生，既持以质焉。既而为铜字板以继之，曰：‘吾能会而通之矣。’乃名其所居曰会通馆，人遂以会通称，或丈之，或君之，或伯仲之，皆曰会通云。君有田若干顷，称本富，后以劬书故，家稍落，而君漠如也。三子:埙、奎、壁。”

严元照《悔庵集·书容斋随笔活字本后》:“此翻宋绍定间所刻。每番中缝上方有‘弘治岁在旃蒙单阏’八字,下有‘会通馆活字铜板印’八字,书后有华燧序。”

《天禄琳琅·白氏长庆集》:“每卷末有‘锡山兰雪堂华坚活字铜板印’记。”

叶昌炽《藏书记事诗》:“《无锡县志》:‘华(埕)〔珵〕,字汝德,以贡授大官署丞,善鉴别古奇器、法书、名画。筑尚古斋,实诸玩好其中。又多聚书,所制活板甚精密,每得秘书,不数日而印本出矣。’昌炽案:燧之子埙、奎、壁,名皆从土旁,埕、坚疑亦其群从,而珵为埕之误。余所见兰雪堂活字板本,又有《蔡中郎集》甚精。”

按:明世无锡铜活字本有二:一为兰雪堂华氏,一为桂坡馆安氏。安氏所刊较少,故名不及华氏之著。同时吴郡有孙凤,亦以铜活字印书,今传者有《小(名)〔字〕录》。尚有五云溪馆、印行《玉台新咏》。金兰馆、印行《石湖居士集》。建业张氏,印行《开元天宝遗事》。则皆不知其人矣。

《常州府志》:“安国,字民泰,无锡人。尝以活字铜板印《吴中水利(考)〔书〕》。”

《天禄琳琅》:“《初学记》板心上标‘安桂坡刻’,每本标题之下又称‘锡山安国校刊’。安国所刻书甚多,此书取九洲书屋本翻刻。”

按：安氏所印《颜鲁公集》，又有雕本，盖先摆后雕也。

顾炎武《亭林集·与公肃甥书》：“忆昔时邸报，至崇祯十一年，方有活板。自此以前，并是写本。”

《士礼居藏书题跋记》：“《墨子》十五卷，校明蓝印铜活字本。古书自宋元板刻而下，其最可信者，莫如铜板活字，盖所据皆旧本，刻亦在先也。”

袁〔漫〕恬《书隐丛（话）〔说〕》：“印板之盛，莫盛于今矣。吾苏特工，其江宁本多不甚工。世有用活字板者。宋毕昇为活字板，用胶泥烧成。今用木刻字，设一格于桌，取活字配定，印出则搅和之，复配他页。大略生字少刻，而熟字多刻，以便配用。余家有活板《苏斜川集》十卷，惟字形大小不画一耳。近日邸报，往往用活板配印，以便屡印屡换，乃出于不得已；即有讹谬，可以情恕也。”

《武英殿聚珍板程式》：“乾隆三十八年十月二十八日，金简奏谓：‘奉命管理《四库全书》一应刊刻刷印装潢等事，今闻中外汇集遗书，已及万种。现奉旨择其应行刊刻者，皆令镌板通行。此诚皇上格外天恩，加惠艺林之意也。但将来发刊，不惟所用板片浩繁，且逐部刊刻，亦需时日。臣详细思惟，莫若刻枣木活字套板一分，刷印各种书籍，比较刊板，工料省简悬殊。臣谨按《御定佩文诗韵》，详加选择，除生僻字不常见于经传者不收集外，计应刊刻者约六千数百馀字，此内虚字以及常用之熟字，每一字加至十字或百字不等，约共需十万馀字。又预备小注应刊之字，亦照大字每一字加至十字或百字不等，约需五万馀字。大小合计不过十五万馀字。遇有发刻一切书籍，只须将槽板照底本一摆，即可刷印成卷。倘其间尚有不敷应用之字，预备木字二千个，随时可以刊补。书页行款，大小式样，照依常行书籍尺寸，刊作木（漕）〔槽〕板二十块。临时按底本将木字检校明确，摆置木（漕）〔槽〕板内。先刷印一张，交与校刊翰林处详校无误，然后刷印。其枣木字大小共应用十五万馀个。臣详加核算，每百字需银八钱，十五万馀字约需银一千二百馀两。此外仍做（漕）〔槽〕木板，备添空木字，（约需银一千二百馀两，此外仍做木漕板，备添空木字，）以及盛贮木字箱格等项，再用银一二百两，已敷置办。是此项需银，通计不过一千四百馀两。臣因以武英殿现存书籍核校，即如《史记》一部，计板二千六百七十五块。按梨木小板例价银每块一钱，共该银二百六十七两五钱。计写刻字一百一十八万九千零，每写刻百字，工价银一（两）〔钱〕，共用银一千一百八十馀两。是此书仅一部，已费工料银一千四百五十馀两。今刻枣木活字套板一分，通计亦不过用银一千四百馀两，而各种书籍，皆可资用。即或刷印经久，字画模糊，又须另刻一分，所用工价，亦不过此数。或尚有可以拣存备用者，于刻工更可稍为节省。如此则事不繁而工仍省，似属一劳久逸。至摆字必须识字之人,但向来从无此项人役,即一时外雇,恐不得其人,且滋糜费。臣愚见请添设供事六名,分领其事。所有刊刻木子字十五万,按韵分贮木箱内。其木箱用十个,每个用抽屉八层或十层,抽屉中各分小格数十个,盛贮木字。临用时以供事二人,专管摆字;其馀供事四人,分管平、上、去、入四声字。摆板供事,案书应需某字,向管韵供事喝取,管韵供事辨声应给。如此检查,便易安摆迅速。谨照御制《命校永乐大典》,计刻成枣木活字套板共四块,并刷印红墨格纸样式各五十纸,恭呈御览。' 奉旨:'甚好,照此办理。钦此。'"

又:"乾隆三十九年五月十二日,金简谨奏:前经奏请将《四库全书》内应刊各书,改为活板,摆刷通行。拟刻大小木字十五万个,每百字约计工(略)〔料〕银八钱,并成做漕板及盛贮木字箱格等项,约需银一千四百馀两。嗣又添备十万馀字,约需银八百馀两,督同原任翰林祥庆、笔帖式福昌敬谨办理。今已刊刻完竣,细加查核,成做枣木子每百个银二钱二分,刻工每百个银四钱五分,写宋字每百个工银二分,共合银六钱九分,计刻得大小木字二十五万三千五百个,实用银一千七百四十九两一钱五分。备用枣木子一万个,计银二十二两。摆字楠木漕板八十块,各长九寸五分,宽七寸五分,厚一寸五分,每块各随长短,夹条一分,工料银一两二钱,计银九十六两。每块四角包订铜片,工料银一钱五分,计银十二两。板箱十五个,每个工料银一两二钱,计银十八两。检字归类用松木盘八十个，长一尺八寸，中安隔条，每个工料银三钱五分，计银二十八两。套板格子二十四块，各长一尺，宽八寸，厚一寸，每个工料银三钱，计银七两二钱。成做收贮木子大柜十二坐，各高七尺二寸，宽五尺一寸，进深二尺二寸，每坐各安抽屉二百个，实用工料银三十两，计银三百六十两。抽屉二千四百个，成钉铜眼线曲须圈子二千四百副，每副银一分五厘，计银三十六两。木板凳十二条，各长五尺，宽一尺，高一尺五寸，每条工料银九钱五分，计银十一两四钱。通共实用银二千三百三十九两七钱五分。查原奏请领过银二千二百两，尚不敷银一百三十九两七钱五分，请仍向广储司支领给发。将来《四库全书》处交到各书，按次排印完竣后，请将此项漕板木子等件移交武英殿收贮。遇有应刊通行书籍，即用聚珍板排印通行。”

巾厢本

刊印小册为巾厢本。其说见宋戴埴《鼠璞》。又以其可藏怀袖,别称袖珍本,以行密字展、刻画纤朗见长。当科举盛时,坊贾缩印小本,为士子挟带计。光绪季年,石印法行,刻木者知不能与之争,因不复雕印。

《事物记原》:"《南史》:'齐衡王钧尝亲手书《五经》,都为一卷,置巾厢中。侍读贺玠曰:"殿下家有坟书,复何细书别藏巾厢?"曰:"巾厢中检阅既易,且更手写,则永不忘矣。"诸王闻之,争效为巾厢。'今谓书籍之细书小本者为巾厢,始于此也。"

朱彝尊《经义考》:"天下印书,福建本几遍天下。锡、绍俱闽人,当是闽中所行之书。且板高半尺,乃巾厢本,亦宋所盛行者。字朗质坚,莹然可宝。"

按:杨守敬《留真谱》:"摹刻宋本《礼记》,其板心高不过三寸许,宽二寸半,一页刊三百二十四字,几如今之石印缩本矣。而字画清朗,可谓极工。亦有密行细字,而板高尺许者。则称大巾厢本云。”

《御制集·天禄琳琅鉴藏旧板书籍联句》:“小字巾厢尺寸强。”

《天禄琳琅·宋巾厢本五经》:“《易》《诗》《春秋》《礼记》经文、《春秋左氏》经传,不分卷,行密字展,朗若列眉。”

朱墨本

朱墨本，亦称套板。广东人为之最精，有五色者。

《楹书隅录》："《栾城集》，绿格墨印。《墨子》、《急就章》，绿格蓝印。"

俞樾《春在堂随笔》："明万历间，乌程闵齐伋始创朱墨本。"

刻印书籍工价

《天禄琳琅·大易粹言》:“牒令具《大易粹言》一部,计二十册,合用纸数印造工墨钱。下项纸副耗共一千三百张,装背饶青纸三十张,背清白纸三十张,俀墨糊药印背匠工〔食〕等钱,共一贯五百文足,赁板钱一贯二百文足。本库印造见成出卖,每部价钱八贯文足。右具如前。淳熙三年正月日,雕造所贴司胡至和具。杭(世隆)〔州路〕儒学教授李清孙校勘无差。”

又:“象山县学《汉隽》,每部二册,见卖钱六百文足,印造用纸一百六十幅,碧纸二幅,赁板钱一百文足,工墨装背钱一百六十文足。

“《二俊文集》一部,共四册。印书纸共一百三十六张,书皮表背并副叶共大小二十张,工墨钱一百八十文,赁板钱一百八十六文,装背工糊钱,右具如前。二月日,印匠诸成等具。”

《平津馆鉴藏记》:“王黄州《小畜集》末记印书纸并副板四百四十八张,表背碧纸十一纸,大纸八张,共钱二百六文足,赁板棕墨钱五百文足,装印工食钱四百三十文足。除印书纸外,共计钱一千一百三十六文足。见成出卖，每部价五百文。”

又：“宝祐旧板《通鉴纪事本末》后有元延祐六年(亮)陈〔良〕弼序称，节斋刻板后，束之高阁者四十馀年，其孙明安过嘉禾学宫，出所藏书板见示。因白御史宋公一斋、佥宪邓公善之，以中统钞七十五定偿之，寘之学宫。因书得板颠末于节斋序后。”

俞樾《茶香室丛钞》：“明刘若愚《酌中志》云：‘刻字匠徐承惠供，本犯与刻字工银每字一百，时价四分，因本犯要承惠僻静处刻，勿令人见，每百字加银五厘，约工银三钱四分。今算妖书八百馀字，与工银费相同。’按此知明时刻书价值至廉，今日奚啻倍之也。”

纸

应劭《风俗通义》:“刘向典校书籍,先书竹,改易写定,可缮写者,以上(奏)〔素〕。”盖西京之末,已贵素而轻竹矣。后汉宦官蔡伦因缣贵简重,不便于人,以意造为纸。而献帝西廷图书,皆用缣帛,赤眉之乱,军人取为帷囊;吴恢为南海太守,欲杀青以写经书,是东京之时,纸犹不甚流行。《抱朴子自叙》:“家贫乏纸,所写皆反覆有字。”竹帛废而纸大行,当在魏晋间矣。板印书籍,则未有不用纸者。近日印本,始用洋纸,质理既粗,更易变色。其不及高丽之苔纸、日本之绵纸多矣。

费著《蜀笺谱》:“古者书契,多以竹简,其次用缣帛。至以木肤、麻头、敝布、鱼网为纸,自东汉蔡伦始。简太重,缣太贵,人遂以纸为便,于文字有功。人至今称蔡伦纸。今天下皆以木肤为纸,而蜀中乃尽用蔡伦法,杂以旧布、破履、乱麻为之。惟谦屑、表光,皆蜀笺之名,非乱麻不用。于是造纸者庙祀蔡伦矣。”

又:“广都纸有四色:一曰假山南,二曰假荣,三曰冉村，四曰竹纸，皆以楮皮为之，其视浣花笺纸最精洁。凡公私簿契、书卷、图籍、文牒，皆取给于是。广幅无粉者谓之假山南，狭幅有粉者谓之假荣，造于冉村曰清水，造于龙区乡曰竹纸。蜀中经史子集，皆以此种传印。而竹纸之轻细似池纸，视上三色价稍贵。近年又仿徽池法作胜池纸，亦可用，但未甚精致耳。”

《东坡志林》：“昔人以海苔为纸，今无有。今人以竹为纸，亦古所无有也。”

《东坡题跋》：“成都浣花溪水，清滑异常，以沤麻楮作笺，洁白可爱；数十里外，便不堪造，信水之力也。扬州有蜀冈，冈上有大明寺井，知味者以为与蜀水相似。溪左右居人亦造纸，与蜀产不甚相远。自十年以来，所产益多，亦益精。更数十年，当与蜀纸相抗也。”

按：唐时写本，多用益州麻纸，坚致耐久。至宋造竹纸，质轻价廉，麻纸寖废。

《天禄琳琅·宋刻春秋经传集解》：“后刻木记云：‘淳熙三年(八)〔四〕月十七日，左廊司局内曹掌典秦王桢等奏闻：“壁经《春秋》《左传》《国语》《史记》等书，多为蠹鱼伤牍，未敢备进上览。”奉敕用枣木椒纸，各造十部。四年九月进览。监造臣曹栋校梓，司局臣郭庆验牍。’据识则孝宗年所刻，以备宣索者。枣木刻世尚知用，若印以椒纸，后来无此精工也。”

王世贞《汉书跋》:“余生平所购《周易》《礼记》《毛诗》《左传》《史记》《三国志》《唐书》之类,过三千馀卷,皆宋本精绝。最后班、范二《汉书》,尤为诸本之冠。桑皮纸白洁如玉,四旁宽广。”

又《宋本文选跋》:“此本缮刻极精,纸用澄心堂,墨用奚氏。”

赵文敏《宋本文选跋》:“玉楮银钩,若与灯月相映,助我清吟之兴不浅。”

按:《考槃馀事》:“王弇州藏宋板《汉书》,澄心堂纸,李廷珪墨。”按澄心堂纸,始于南唐。《后山丛谈》:“澄心堂,南唐烈祖节度金陵之燕居地,赵内翰彦若家有《澄心堂书目》。”《江宁府志》:“后主造澄心堂纸,甚为贵重。宋初纸犹有存者,欧公曾以二轴赠梅圣俞。相传淳化阁帖,皆用此纸所搨。欧阳公《五代史》,亦用此属草。”盖此纸以桑皮为质料,后主所置者,工料特精,别以烈祖之澄心堂名之,遂成上方珍品。《江宁府志》所云宋初犹存者,谓南唐旧纸犹存。梅圣俞《答欧阳公送澄心堂纸》诗:“但存图书及此纸,弃(将)〔置〕大屋(将)〔墙〕角堆。幅狭不堪作诰命,聊备麤使供鸾台。”可知南唐遗纸甚多,为时人所贵。宋人仿造者,亦惟监中印本方用之耳。

陈继儒《妮古录》:“宋纸于明望之,无帘痕。”

《天禄琳琅·唐书》:"印纸坚致莹洁。每页有'武侯之裔'篆文红印在纸背,十之九似是造纸家私记,其姓为诸葛。"

按:南宋椠本《本草衍义》,每叶中缝反面有楷书"京兆方塘文房朱记"。《东华续录》:"高宗朝,谕钟音察访建安余氏裔者。奏称其祖印书,纸皆自造,在纸上印'勤有堂'字样。"因知古时刻书,有自造纸者。

明张萱《疑耀》:"余获校秘阁书籍,每见宋板书,多以官府文牒翻其背以印行者。如《治平类篇》一部四十卷,皆元符二年及崇宁五年公私文牍笺启之故纸也。其纸极厚,背面光泽如一,故可两用。若今之纸,不能尔也。"

按:艺风堂藏弘治本《侨吴集》,乃取当时书翰拜帖反印之,亦罕见也。

《笔丛》:"凡印书,永丰绵纸为上,常山柬纸次之,顺昌书纸又次之,福建竹纸为下。绵贵其白且坚,柬贵其润且厚。顺昌坚不如绵,厚不如柬,直以价廉取称。闽中纸短窄黧脃,刻又舛讹,品最下而直最廉。"

《艺风堂藏书记》:"明刻《李长吉歌诗》,附《制书雅意》四则:一、纸用清〔水〕(文京)〔京文〕古(千)〔干〕

或太史连方称。一、印用方氏徽墨、孙氏京墨，凡墨勿用。一、壳用月白(雪凌)〔云绫〕、纯厚青绢，椒表阴干。一、裁用利刀，(磨)〔光〕用(光)〔细〕石，俱付良工。”

《广信府志拾遗》：“石塘人善作表纸，捣竹丝为之。竹笋三月发生，四月立夏后五日，剥其壳作蓬纸，以竹丝置于池中，浸以石灰浆，上竹楻锅煮烂，经宿水漂净之，后将稿灰淋溼水，上楻锅煮烂，复水漂净之，始用黄豆氵引注一大桶，楻一层竹丝，则一层豆氵引，过三五日，始取为之。白表纸正用藤纸药，黄表纸则用姜黄细舂末，称定分两。每一槽四人，抉头一人，舂碓一人，检料一人，焙干一人，每日出纸八把。”

王宗沐《江西省志》：“广信府纸槽，前不可考。自洪武年间，创于玉山一县。至嘉靖以来，始有永丰、铅山、上饶三县，续告官司，亦各起立槽房。玉山槽坐峡口等处，永丰槽坐柘扬等处，铅山槽坐石塘、石垅等处，上饶槽坐黄坑、周村、高州、铁山等处，皆水土宜槽。穷源石峡，清流湍激，漂料洁白，蒸熟捣细。药和溶化，澄清如水，帘捞成纸，制作有方。其槽所在非一地。故附属因革，无从稽核，矧系民产，姑纪其略耳。

“楮之所用，为构皮，为竹丝，为帘，为百结皮。其构皮出自湖广，竹丝产于福建，帘产于徽州、浙江。自昔皆属吉安、徽州二府商贩，装运本府地方货卖。其百结皮，玉山土产。槽户雇倩人工，将前物料浸放清流急水，经数昼夜，足踏去壳，打把捞起，甑火蒸烂，剥去其骨。扯碎成丝，用刀剉断，搅以石灰存性。月馀，仍入甑蒸。盛以布囊，放于急水。浸数昼夜，踏去灰水。见清，摊放洲上。日晒水淋，无论月日，以白为度。木杵舂细，成片摛开。复用桐子壳灰及柴灰和匀，滚水淋泡。阴干半月，涧水洒透。仍用甑蒸水漂，暴晒不计遍数。多手择去小疵，绝无瑕玷。刀斫如炙，揉碎为末。布袱包裹，又放急流洗去浊水。然后安放青石板合槽内，决长流水入槽，任其自来自去。药和溶化，澄清如水，照依纸式大小高阔，置买绝细竹丝，以黄丝线织成帘床，四面用筐绷紧。大纸六人，小纸二人，扛帘入槽。水中搅转，浪动捞起。帘上成纸一张揭下，叠榨去水，逐张掀上，砖造火焙。两面粉饰，光匀内中。阴阳火烧，熏干收下，方始成纸，工难细述论。虽隆冬炎夏，手中不离水火。谚云：'片纸非容易，措手七十二。'

"司礼监行造纸名二十八色，曰白榜纸、中夹纸、勘合纸、结实榜纸、小开化纸、呈文纸、结连三纸、绵连三纸、白连七纸、结连四纸、绵连四纸、毛边中夹纸、玉板纸、大白鹿纸、藤皮纸、大楮皮纸、大开化纸、大户油纸、大绵纸、小绵纸、广信青纸、青连七纸、铅山奏本纸、竹连七纸、小白鹿纸、小楮皮纸、小户油纸、方榜纸，以上定例，五年题造一次。乙字库行造纸名一十一色，曰大白榜纸、大中夹纸、大开化纸、大玉版纸、大龙沥纸、铅山本纸、大青榜纸、红榜纸、黄榜纸、绿榜纸、皂榜纸，以上随缺取用，造解无期。"

《绍兴府志》:“越中昔时造纸甚多,韩昌黎《毛颖传》‘纸曰会稽楮先生’是也。嵊县剡藤纸,名擅天下。式凡五:用木椎椎治,坚滑光白者,曰硾笺;莹润如玉者,曰玉板笺;用南唐澄心纸样者,曰澄心堂笺;用蜀人鱼子笺法,曰粉云罗笺;造用冬水佳,敲冰为之,曰敲冰(牋)〔纸〕,今莫有传其术者。竹纸,《嘉泰志》:‘剡之藤纸,得名最旧,其次苔笺,然今独竹纸名天下。他方效之,莫能仿佛,遂掩藤纸矣。竹纸上品有三:曰姚黄,曰学士,曰邵公。三等皆又有名。展手者,其修如常,而广倍之。自王荆公好用小竹纸,比今邵公样尤短小,士大夫翕然效之。建炎、绍兴以前,书简往来,率多用焉。后忽废书笺而用札子。札子必以楮纸,故卖竹纸者稍不售,惟攻书者犹喜之:滑,一也;发墨,二也;宜笔录,三也;卷舒虽久,墨终不渝,四也;不(断)〔蠹〕断,五也。会稽之竹,为纸者自是一种。取于笋长未甚成竹时,乃可用,民家或赖以致饶。’今越中凡昔人所称名纸,绝无闻。惟竹纸间有之,然亦不佳。”

《嘉靖金华志》:“梁山近盘泉,旧有纸厂造纸。”

《东阳县志》:“寻常所用皮纸,大者名呈文绵纸。大概用桑皮、笋壳煮成,而以藤汁浇之。”

《万历龙游县志》:“货品中惟多烧纸,胜于别县。”

《常山县志》:“邑产纸,大小厚薄,名式甚众,曰历日纸、赃罚纸、科举纸、册纸、三色纸、大纱窗、大白榜、大中夹。又曰十九色纸:白榜、白中夹、大开化、小开化、白绵、连三、结实连三、白连七、白绵连四、结实连四、竹连七、竹奏本、白楮皮、小绵纸、毛边、中夹、白呈文、青奏本。又间一用之,曰玉板纸,帘大料细,尤难抄造。他若客商所用,各随贩卖处所宜,名式不可枚举。凡江南、河南等处赃罚,及湖广、福建大派官纸,俱来本县买纳。"

《衢州府志》:"藤纸、绵纸、竹纸三种,并皆细品。"

《菽园杂记》:"衢之常山、开化等县,以造纸为业。其法采楮皮蒸过,石灰浸三宿,揉去灰。又浸水七日,舂烂,漂入胡桃藤等。藤以竹帘承之,俟其凝结,掀置砖板,以火干之。"

《赤城志》:"苏文忠《杂志》曰:'吕献可遗余天台玉板,过于澄心堂。'又米元章用黄岩藤纸硾熟,揭其半用之,有滑净软熟之称。今出临海者曰黄檀、曰东陈,出天台者曰大淡,出宁海者曰黄公,而出黄岩者以竹穰为之,即所谓玉板也。"

《安徽省志》:"徽州府唐时土贡纸,今无佳者,往往市自开化间;宁国府郡邑皆出纸,宣、经、宁三邑尤擅名;太平府纸出繁昌;六安州邑造纸者多。"

《福建通志》:"福州府竹穰、楮皮、薄藤、厚〔藤〕,凡柔韧者,皆可以造纸。旧志谓(巧)〔竹〕纸出古田罗源村落间,楮纸出连江〔两〕乡,薄藤纸出侯官,赤色厚藤纸出永福辜岭,今皆少造。"

《四川通志》:"保宁府出楮纸;夔州府万县产蠲纸;龙安府江油出楮纸;雅州府产蠲纸;嘉定府尖山下为纸

房，楮薄如蝉翼，而坚重可久；忠州果山出纸。”

《湖南通志》：“长沙府衡山土贡绵纸，《唐书·地理志》。耒阳出纸。《明一统志》。耒阳蔡伦故宅，旁有蔡子池。伦，汉黄门郎，顺帝之世，捣故鱼网为纸，用代简者，自其始也。《水经注》。衡阳出五家纸，又云（工界）〔五里〕纸。”《全唐诗》注郭受《寄杜甫》诗“衡阳纸价顿能高”。

按：今所用印书纸，多取诸江西、安徽、浙江、湖南、福建诸省。方志所引，详于考古，略于征今。坊肆中人，又日习其物，而不知其源。清季皖省官设造纸厂，造成数十种，更有染作古色者。家刻善本，多取以摹印焉。近已不制矣。

装　订

《归田录》:“唐人藏书作卷轴,后有叶子,似今策子。凡文字有备检用者,卷轴难数卷舒,故以叶子写之。”

《偃曝谈录》:“古竹简之后,皆易楮书之,束而为卷,故曰一卷二卷。自冯瀛王刻板后,卷变为册。犹曰卷者,甚无谓。”

《笔丛》:“凡书唐以前为卷轴,盖今所谓一卷,即古之一轴。至装辑成帙,疑皆出雕板之后;然六朝已有之。阮孝绪《七录》,大抵五卷以上为一帙。”

又:“凡装有绫者,有锦者,有绢者,有护以函者,有标以号者。吴装最善,他处无及焉。闽多不装。”

《白氏金琐》:“凡书册以竹漆为糊,逐叶微摊之,不惟可以久存字画,兼纸不生毛,百年如新,此宫中法也。”

《本草》:“必粟香,亦名花木香,取其木为书轴,白鱼不损书。”

《王氏谈录》:“作书册,黏叶为上,虽岁久脱烂,苟不逸去,寻其叶第,足可抄录次叙。初(等)〔得〕董子《繁露》数卷,错乱颠倒,伏读岁馀,寻绎缀次方稍完,此乃缝缀之弊也。”

张萱《疑耀》:"秘阁中所藏宋板书,皆如今制乡会进呈试录,谓之蝴蝶装,其糊经数百年不脱落。偶阅《王古心笔录》云:'用楮树汁、飞面、白芨末三物调和,以黏纸,永不脱落。'宋世装书,岂知此法耶?"

按:清季发内阁藏书,宋本多作蝴蝶装,直立架中,如西书式,糊浆极坚牢。

钱曾《读书敏求记》:"《云烟过眼录》:'余从延陵季氏曾睹吴彩鸾书《切韵》真迹,逐叶翻看,展转至末,仍合为一卷。'张邦基《墨(装)〔莊〕漫录》言旋风叶者即此。自北宋刊本书行,而装潢之技绝矣。"按旋风叶即蝴蝶装。

吴骞《拜经楼藏书题跋记·图绘宝鉴》:"黄荛圃跋云:'收藏为庐江王,犹是几百年前故物。拜经楼主人以为装潢极精,非民间藏书。吾见成化时阁本《大唐开元占经》,每册俱用黄绫作簿面,黄绢作签条。此可见官书珍重,即装潢可辨也。'"

《考槃馀事》:"尝见宋板《汉书》,不惟内纸洁白,且每本多用澄心堂纸数幅为副,次以活衬竹纸为里。蚕茧鹄古藤纸,因美而存遗不广。若糊褙及以官券残纸者,则恶矣。"

《西溪丛话》:"余有旧佛经一卷,乃唐永泰元年奉诏于大元宫译。后有鱼朝恩衔,有经生并装潢人姓名。"

孙庆增《藏书纪要》:"装订书籍,不在华美饰观,而要护帙有道,款式古雅,厚薄得宜,精致端正,方为第一。

古时有宋本、蝴蝶本、册本各种订式。书面用古色纸，细绢包角。（標）〔褾〕书（而）〔面〕用小粉糊，入椒矾细末于内。太史连三层（標）〔褾〕好贴于板上，挺足候干，揭下压平用。须夏天做，秋天用。折书页要折得直，压得久，捉得齐，乃为高手。订书眼要细，打得正，而小草订眼亦然。又须少，多则伤书脑，日后再订，即眼多易破，接脑烦难。天地头要空得上下相称。副（册）〔页〕用太史连，前后一样两张。截要快刀截，方平而光。再用细砂石打磨，用力须轻而匀，则书根光而平，否则不妥。订线用清水白绢线，双根订结，要订得牢，嵌得深，方能不脱而紧，如此订书，乃为善也。见宋刻本衬书纸，古人有用澄心堂纸，书面用宋笺者，亦有用墨笺洒金书面者，书（笺）〔签〕用宋笺藏金纸、古色纸为上。至明人收藏书籍，讲究装订者少。总用棉料古色纸书面，衬用川连者多。钱遵王述古堂装订书面，用自造五色笺纸，或用洋笺书面，虽装订华美，却未尽善。不若毛斧季汲古阁装订书面，用宋笺藏经纸、宣德纸染雅色，自制古色纸更佳。至于松江黄绿笺纸书面，再加常锦套金笺贴（笺）〔签〕最俗。收藏家间用一二锦套，须真宋锦或旧锦旧刻丝。不得已，细花雅色上好宫锦亦可，然终不雅，仅可饰观而已矣。至于修补旧书，衬纸平伏，接脑与天地头并补破贴欠口，用最薄绵纸熨平，俱照（旧补）〔补旧〕旧补画法，摸去一平，不见痕迹，勿觉松厚，真妙手也。而宋元板有模糊之处，或字脚欠缺不清，俱用高手摹描如新，看去似刻，最为精妙。书套不用为佳，用套必蛀，虽放于紫檀香楠匣内藏之，亦终难免。惟毛氏汲古阁用伏天糊(檦)〔褾〕，厚衬料，压平伏，(檦)〔褾〕面用洒金墨笺，或石青、石绿、棕色、紫笺俱妙。内用科举连(檦)〔褾〕里，糊用小粉、川椒、白矾、百部草细末，庶可免蛀。然而偶不检点，稍犯潮湿，亦即生虫，终非佳事。糊(檦)〔褾〕宜夏，折订宜春。若夏天折订，汗手并头汗滴于书下，日后泛潮，必致霉烂生虫，不可不防。凡书页少者宜衬，多者不必。若旧书宋元钞刻本，恐纸旧易破，必须衬之，外用护页方妙。书(笺)〔签〕用深古色纸(檦)〔褾〕一层，签要款贴，要正齐，不可长短阔狭，上下歪斜，斯为上耳。虞山装订书籍，讲究如此。聊为之记，收藏家亦不可不知也。"

曹溶《绛云楼书目后序》："贾人之狡狯者，率归虞山，取不经见书，楮墨稍陈者，虽极柔茹糜烂，用法牵缀，洗刷如新触手，以薄楮袭其里，外则古锦装褫之。"

按：此序不见刊本《绛云楼书目》，惟旧钞本有之。观此知今装订之法，始于明季也。古本狭小者，补缀后用白纸为里，四面放大，北京人谓之金镶玉，扬州人谓之袍套衬。

《士礼居藏书题跋续记(录)》："《近事会元》五卷，装池出良工钱半岩手，近日已作古人，惜哉！其子曾亦世其业，而其装池却未之见，不知能传父之手工否。"

附　录

附录一　藏书丛话第一册

雕造

隋

唐以前文字未刻印，多是写本。齐衡阳王钧手自细书五经，寘巾箱中，巾箱五经自此始。后唐明宗长兴二年，宰相冯道、李愚请令判国子监田敏校正九经，刻版印卖，朝廷从之。虽极乱之世，而经籍之传甚广。予曾大父遗书，皆长兴年刻本，委于兵火之馀，仅存《仪礼》也。邵博《河南邵氏闻见后录》卷五。

【眉批】《小字录》，明弘治间吴郡孙凤以活字本印行。此板后归昆山吴氏，于“陈思纂次”一行后添书“昆山后学吴大有校刊”一行。《瞿目》。

余犹及见老儒先生，自言其少时欲求《史记》《汉书》而不可得，幸而得之，皆手自书，日夜诵读，惟恐不及。近岁市人转相摹刻诸子百家之书，日传万纸。学者之于书，多且易致如此，其文词学术，当倍蓰于昔人。而后生科举之士，皆束书不观，游谈无根，此又何也？子瞻《李氏山房记略》。

顾千里《韩非子识误叙》云："宋椠之误，由乎未尝校改，故误之迹往往可寻也。而赵刻之误，则由乎凡遇其不解者，必校改之，于是而并宋椠之所不误者，方且因此以至于误；其宋椠之所误，又仅苟且迁就，仍归于误，而徒使可寻之迹泯焉，岂不惜哉！"

叶梦得云："今天下印书，以杭州为上，蜀本次之，福建最下。京师比岁印板，殆不减杭州。"然叶又谓："蜀与福建，多以柔木为之，取其易成而速售，则不能工。"

唐

纥干尚书(泉)〔臮〕[①]，苦求龙虎之丹十五馀稔。及镇江右，乃大延方术之士，作《刘弘传》，雕印数千本，以寄中朝。《茶香室丛钞》引《云溪友议》，又加按语云："雕刻书籍，唐时已盛行矣。"

周亮工《书影》云："岳亦斋云：康伯可《顺庵乐府》，今麻沙尚有之。麻沙属建阳县，建阳镌书人皆在麻沙一带。"施可斋《闽杂记》书版[②]。

《括异志》十卷，旧钞本目录后有"建宁府麻沙镇虞叔异宅刊行"。《瞿目》。

---

①《茶香室丛钞》卷九引已误"臮"作"泉"，此据《云溪友议》卷下改正。

②按周亮工《书影》云云，转引自俞樾《茶香室续钞》卷十三，其后引施鸿保《闽杂记》，原稿盖因文长不录。参见《中国雕版印书源流考》"坊刻本"节、《中国雕板源流考》"坊刻本"节所引。

书籍版行于后唐，昔州郡各以刊行文籍，《寰宇书目》备载之。虽为学者之便，而读书之功，不及古人矣。况异书多泯没不传，《后汉书》注事最多，所引书今十无存二三。且如汉武《秋风辞》，见于《文选》《乐府》《文中子》，晦庵附入《楚辞后语》，然《史记》《汉书》皆不载，《艺文志》无汉武歌辞，不知祖于何书。《老学丛谈》中上。《池北偶谈》引此，又引《五代会要》，以为始于五代。

旧钞《续夷坚志》有旧跋云"北地枣本《续夷坚志》"，又商丘宋无子虚云"北方书籍，率金所刻，罕至江南"。

五代监本

周蜀九经：《容斋》十四。唐贞观中，魏徵、虞世南、颜师古继为秘书监，请募天下书，选五品以上子孙工书者为书手缮写。予家有旧监本《周礼》，其末云："大周广顺三年癸丑五月，雕造九经书毕，前乡贡三礼郭嵠书。"列宰相李谷、范质，判监田敏等衔于后。《经典释文》末云："显德六年己未三月，太庙室长朱延熙书。"宰相范质、王溥如前，而田敏以工部尚书为详勘官。此书字画端严有楷法，更无舛误。《旧五代史》："汉隐帝时，国子监奏《周礼》《仪礼》《公羊》《穀梁》四经未有印板，欲集学官考校雕造。从之。"正尚武之时而能如是，盖至此年而成也。成都石本诸经，《毛诗》《仪礼》《礼记》皆秘书省秘书郎张绍文书；《周礼》者，秘书省校书郎孙朋古书；《周易》者，国子博士孙逢吉书；《尚书》者，校书郎周德政书；《尔雅》者，简州平泉令张德昭书。题云“广政十四年”,盖孟昶时所镌,其字体亦精谨。两者并用士人笔札,犹有贞观遗风,故不庸俗,可以传远。唯《三传》至皇祐方毕工,殊不逮前。

宋

尝患此书无善本,求之国子监,亦未尝版行。……末乃于庐陵学官藏书中得元丰国子监刻者,遂取以为据。钱佃《荀子考异》。

既而擢第,尽买国子监书以归。《齐东野语》沈偕君与事。○东老之子。

亭林先生记陆文裕之言曰:“元时州县,皆有学田,所入谓之学租,以供师生廪膳,馀则刻书,工大者合数处为之,故校雠刻画,颇有精者。”又谓:“宋元刻书,皆在书院,山长主之,通儒订之,学者互相易而传布之。故书院之刻有三善焉:山长无事而勤于校雠,一也;不惜费而工精,二(善)也;板不藏官而易印行,三也。”

夫以它人之书刊而货之,鬻书者之事也。今道人者乃能自裒一书,以为好古博雅者之助,其亦异于人之鬻书者矣。孔山居士跋《宝刻丛编》。

都人陈思,儥书于都市。士之好古博雅、搜遗猎忘以足其所藏,与夫故家之沦坠不振、出其所藏以求售者,往往交于其肆。……视他书坊所刻,或芜酿不切,徒费板墨、靡棕楮者,可同日语哉!陈伯玉跋《宝刻丛编》。

《陆状元集百家注资治通鉴详节》,集注姓氏后有“蔡氏家塾校正”，目后又云“庆元三祀闰馀之月梅山蔡建侯行父谨识”。《孙尚书内简尺牍》同。《精选东莱先生左氏传博议句解》有云“弘治甲寅孟秋梅轩蔡氏新刊”。

明

当正德之末，天下惟王府官司及建宁书坊乃有刻板，其流布于人间者，不过四书、五经、《通鉴》、《性理》诸书。他书即有刻者，非好古之家不蓄。《亭林集·钞书序》

闻之先人，自嘉靖以前，书之锓木虽不精工，而其所不能通之处，注之曰疑；今之锓木加精，而疑者不复注，且径改之矣。以甚精之刻，而行其径改之文，无怪乎旧本之日微，而新说之愈凿也。亭林《答李子德书》。

陕之文儒才能不减他邦盛，而载籍版刻较无什二者，□民俗朴拙，尚耕稼，故工技寡鲜。□□博古者闻有所鬻，竞相购易，然不能忘情于财用之增费，道途之修阻。

有明一代鲜善本，嘉隆以后椠尤劣。秦晋赵藩皆刻书，不及会通与兰雪。王颂蔚《丁松生文澜阁归书图》。

佞宋

暨乎刘氏《史通》、《玉台新咏》，上有建业文房之印。则南唐之初梓也；聂宗义《三礼图》、俞言等《五经图说》，乃北宋之精帙也。荀悦《前汉纪》、袁宏《后汉纪》，绍兴间刻本，汝阴王铚序。嘉史久遗；许嵩《建康录》、陆游《南唐书》，载记攸罕。〔宋批〕《周礼》，五采如新；古注《九经》，南雍多阙。俞石涧藏，王守溪跋。苏子容《仪象法要》，函称于诸子；张彦远《名画记》，鉴收于子昂。相台岳氏《左传》、建安黄善夫《史记》、《六臣注文选》……①皆传自宋元，远有端绪。牙签锦笈以为藏，天球河图而比重。《真赏斋赋》。

刻书以宋板为据，无可议矣。俞羡长云："宋板亦有误者。"余问故。曰："以古书证之，如引五经、诸子，字眼不对，即其误也。今以经、子宋板改定，则全美。"予曰："古人引经、子，原不求字字相对，恐未可遂坐以误。"俞嘿然。予谓刻书最害事，仍讹习舛，犹可言也；以意更改，害将何极！《涌幢小品》。【眉批】凡宋板书未尝无脱误处，然往往正得十之七八。有谓宋刊一字无误者，可为一粲。陆贻典《二俊集》。古今书籍，宋板不必尽是，时板不必尽非。然较是非以为常，宋刻之非者居二三，时刻之是者为六七，则宁从其旧也。陆《管子》跋。

所校诸本，有曰宋板者，乃监利学所藏《五经正义》一通。所以识其为宋板者，字体平稳如钱大，款格宽广，每行字数参差不齐，绝无明世诸刻轻佻务整齐者之态。且凡字遇宋诸帝讳，辄缺其点画，如殷作殷，宏作宏，允作允，敦作敦，眩作眩，徵作徵，敬作敬，讓作讓之类，为避其所讳也。山井鼎《七经孟子考文·凡例》。

何义门跋《后山先生集》云：钱牧斋畜书，非得宋刻

①"暨乎……文选"一段原有，复钩去。

名抄,则云无有,真细心读书者之言。《皕宋》七六。

世传缘宋本稀有,以辨楮墨之粹驳,暗夜嗅古香,而断真赝不爽,高踞雅流,而藏书之事遂毕。弃轮辕之庸,而作虚车之玩。跋传是楼《六经》。宋板之可贵者,以足以证改坊刻之讹谬。然鉴别不审,则赝作眩人,与宋刊不善本妍媸混收,令人作恶,与坊刻等。跋宋兰挥《丁卯集》。〇并徐用锡《圭美堂集》二三。

自宋代以来,雕板漫多,虽大部巨编,皆可坊市购买,朝求夕得。且摹印之易而速,又有倍于缮录,宜其传于今者不少。乃历元明至今,才六百馀年,而两宋剞劂已与秦汉之金石同珍,岂好而藏之者鲜欤?抑何传之难而散亡之易也!《第六弦溪文钞·藏书二友记》。

上古书籍,皆编竹为简,以韦贯之,用漆作书,简帙浩重,不便提挈。自有制纸笔及墨者,乃易去竹简,诚为便易,然皆写本,未有刻板印行也。后唐明宗长兴二年,宰相冯道、李愚请刊《九经》,〔判〕国子监田敏校正。又毋昭裔贫时,尝借《文选》于交游,其人有难色,昭裔发愤曰:"异日若贵,当版镂之以遗学者。"后仕孟蜀为宰相,遂践其言,又以石镂《九经》于成都。是印行书籍,始之者后唐,继之者孟蜀也。叶梦得曰:"书籍未印行之先,人以藏书为贵,书虽不多,而藏者精于雠对,故往往皆有善本。学者以传录之难,故诵读亦精详。"苏东坡作《李公择山房藏书记》,亦谓:"少时尝见前辈欲求《史记》《汉书》不可得,幸得之,皆手自书,日夜诵读,惟恐不及。近市人转相摹刻,诸子百家之书日传万纸。学者于书,既多且易致如此,其文辞学术,当倍蓰昔人。而今乃不然者,岂非多而难精耶?”二公之言,诚中时弊。《疑耀》一。

卷约字工,犹属闽中旧刻。《天禄·御题东莱家塾读书记》。

最后班、范二《书》,尤为诸本之冠,桑皮纸白洁如玉,四旁宽广,字大者如钱,绝有欧、柳笔法,细书丝发肤致,墨色精纯,溪潘流溢。《天禄》王世贞跋。

所锓诸书,一据宋本。或戏谓子晋曰:“人但多读书耳,何必宋本为?”子晋辄举唐诗“种松皆老作龙鳞”为证,曰:“读宋本然后知今本‘老龙鳞’之为误也。”《为毛潜在乞言小传》。

性嗜卷轴,榜于门曰:“有以宋椠本至者,门内主人计叶酬钱,每叶出二佰。有以旧钞本至者,每叶出四十。有以时下善本至者,别家出一千,主人出一千二佰。”《汲古主人小传》。

所收必宋元板,不取近人所刻及抄本。虽苏子美、叶石林、三沈集等,以非旧刻,不入目录中。

《水东日记》云:“宋时所刻书,其匡廓中摺行上下不留黑牌,首则刻工私记、本板字数,次卷第数目,其末则刻工姓名以及字总数。予所见当时印本如此,浦宗源家《司马公传家集》行款皆然。又洁白厚纸所印,乃知古书籍不惟雕镌不苟,虽摹印亦不苟也。”

《梅花草堂笔谈》云:“有传视宋刻者,其文钩画如绣,手模之,若窪窿然。出故绍兴守家,其先宪副藏书也。问故,将质以偿路符之费,且戒售者勿泄,有是哉!”

王长公小酉馆,在弇州园凉风堂后。凡三万卷,二典不与,构藏经阁贮焉。尔雅楼度宋刻书。次公亦多宋梓。《少室山房笔丛》。【眉批】《式古堂书画考》以尔雅楼为藏法书处。

余生平所购《周易》《礼经》《毛诗》《左传》《史记》《三国志》《唐书》之类,皆宋本精绝,最后班、范二《汉书》,尤为诸本之冠。前有赵吴兴象,余失一庄而得之。王世贞《两汉书跋》。

书贵宋刻,大都书写肥瘦有则,佳者绝有欧柳笔法。纸质匀洁,墨色青纯,为可爱耳。若夫格用单边,间多讳字,虽辨证之一端,然非考据要诀。张茂实《清秘藏》。

嘉靖中,朱吉士大韶性好藏书,尤爱宋时镂版。访得吴门故家有宋椠袁宏《后汉纪》,系陆放翁、刘须溪、谢叠山三先生手评,饰以古锦玉签,遂以一美婢易之。盖非此不能得也。《逊志堂杂钞》。

款式

行格

宋刊书字数行数相等,如每叶二十行,则每行必二十字上下。此书每叶四十行,每行二十七字,故《天禄琳琅》云“行密字展”也。宋婺州本《五经正文》跋。○《仪顾》。

书棚本皆廿行,行十八字。所见宋刻《唐人小集》皆如是。黄。

宋咸平监本《吴志》，每页二十八行，行二十三字。《皕宋·吴志》。

末有墨图记云：万卷堂作十三行，大字刊行，庶便检用。请详鉴。《瞿目·新编近时十便良方残宋本》。

盖其行款每半叶十一行，每行二十字，宋椠唐集类如是，计有多家。此及李翰林、骆丞，皆其一耳。《思适斋·张燕公集跋》。

正文小字

中有正文写为小字者，宋板如是，故仍之。古书源流昭昭，人能自辨之，弗可为外人道也。黄跋景宋钞《茅亭客话》。

《周易》：每卷末详记经注音义字数，宋版多此式，其为南宋刊本无疑。《天禄》。

标目

上方有小字，标明书中眼目。黄跋元刻《契丹国志》。

每叶左方栏线外俱刊篇名、卷数、叶数于上，宋版往往有此。《天禄·南华》。【眉批】南宋本《隋书》左线外有篇名。

《史记》《汉书》书前之有目录，自有版本以来即有之，为便于检阅耳。然于二史之本旨，所失多矣。夫《太史公自序》即《史记》之目录也，班固之《叙传》即《汉书》之目录也。乃后人以其艰于寻求，而复为之条列，以系于首。后人又误认书前之目录即以为作者所自定，致有据之妄訾謷本书者。夫《孟荀列传》以两大儒总括之，何尝齿淳于髡、慎到、邹奭于其列哉？《货殖》等传以事名篇，与八书差相类，固未尝一一标姓名也。乃讥《汉书》者，谓范蠡、子贡、白圭非汉人而入《汉书》，以为失于限断，其实班氏何尝为范蠡诸人立传？即彼蜀卓、宛孔，闾里猥琐之流，亦岂屑屑为之标目，与夫因人立传者同哉？明毛氏梓《史记集解》，葛氏梓《汉书》正文，其前即据《自序》《叙传》为目录，亦为便于观者，而尚不失其旧，在诸本中为最善矣。〇古书目录往往置于末，如《淮南》之《要略》、《法言》之十三篇《序》此据李轨注本。近刻五家注者，皆移于当篇首矣。皆然。吾以为《易》之《序卦传》，非即六十四卦之目录欤？《史》《汉》诸序，殆昉于此。宋刻《荀子》，篇目与刘向之奏皆在末。宋人所撰《集韵》，亦以其目置于尾，依古法也。

大题小题：古书大题多在小题之下，如“周南关雎诂训传第一”，此小题也，在前；“毛诗”二字，大题也，在下。陆德明云：“案马融、卢植、郑康成注《三礼》，并大题在下。”班固《汉书》、陈寿《三国志》题亦然。盖古人于一题目之微，亦遵守前式而不敢纷乱如此。今人率意纷更，凡疏及释文所云云者，并未寓目，题与说两相矛盾而亦不自知也。《汉书》《三国志》，毛氏汲古阁版行者犹属旧式，他本则不尽然矣。

板心【眉批】白口、黑口、粗黑、细黑。鱼尾。

予所藏《中兴馆阁录》《续录》有咸淳时补版，皆似此纸墨款式，间有阔黑口者，可知宋刻书非必定白口或细黑口也。盖古籍甚富，人所见未必能尽，欲执一二种以定之，何能无误耶！黄跋宋本《新定续志》。

元椠《柳待制文集》：黑线口，首叶上有字数，下有“陈元寧刊”四字。《艺风堂》。

《淳(熙)〔祐〕临安志》不分卷数，以封域、建置沿革、疆(域)〔界〕等为别。《开有益斋》。

北宋《白氏六帖类聚》分(第)十二册，版心有“帖一”至“帖十二”等字。余见常熟瞿氏北宋本《史记》分三十册，版心亦如此。盖北宋时旧式。南宋而无此式矣。元翻宋本《积斋集》亦然。

元板鱼尾下记书名，多属省笔，如“虞伯生续集”“王荆公诗注”。

元明间版心首叶之鱼尾下有点如……[1]

---

①按李开升《明嘉靖刻本研究》（中西书局2019年版，第122—123页）：“建本在版式方面还有一个比较特别的地方，每卷首叶或末叶的鱼尾下面常常会刻一个特殊纹饰，这个纹饰将每卷的首叶、末叶与其他叶区别开，大概是为了便于识别，为整理印张或者装订等工作提供方便，从而提高工作效率。这个纹饰至迟在南宋中期的建本中就已出现，如南宋中期建本《监本纂图重言重意互注点校毛诗》、南宋后期建本《新大成医方》（版心保留太少，故无法看到）。元代沿用此纹饰，如元广勤书堂刻本《集千家注分类杜工部诗》、元建安余氏勤有堂刻本《分类补注李太白诗》《书蔡氏传旁通》。明代也继续使用，如上述《标题详注十九史音义明解》。这个特点也是建本自宋以来自成系统的标志之一。”

元杭州路刊《宋史》：鱼尾上左"宋史第几"，右字数。尾下左写人名字，右刻工姓名。补页鱼尾上同，下则无矣。《艺风》。

明人刻书有于鱼尾上记刻书岁月及篇名者，或但记斋名者，然元椠《周易集说》版心有"存之斋刊"四字，则其例不始于明矣。《国朝文类》补叶大黑口有"吏部重刊"阴文。有记地名者，如大德本诸史。

北宋《千金方》版心或题"千金方几"，（方称）〔或题〕"千金几"，无字数及刻工。《仪顾》。

分卷

《大广益会玉篇》：是本款式皆宋椠，但分卷而不隔流水，又一例也。《天禄》。

明本《中论》：弘治间，吴县学生黄纹以陆友仁藏宋石邦哲校本重刻，吴人韩寿椿缮录，写刻俱精。《瞿目》。

古之文字，皆用竹帛。逮后汉始纸为疏，乃成卷轴，以其可以舒卷也。至后汉明宗长兴二年，诏《九经》版行于世，俱作集册。今宜改卷为集。王祯《农书》附。

昔人语宋板无黑口，乙本上下皆小黑口。愚所见十行本《北史》《景定严州续志》《中兴馆阁录》中咸淳修板、《挥麈录》、王注《苏诗》，皆与此同。然则黑口之兴，当在宋季，而不始于元矣。陆氏宋本《黄勉斋集》。

【眉批】蜀《三传》后列"知益州枢密直学士右谏议大夫田况"衔，大书为三行，而"转运使直史馆曹颖叔""提点刑狱屯田员外郎孙长卿”各细字一行,又差低于况。今虽执政作牧,监司亦与之雁行也。《容斋》十四。

纸墨

颜文忠公每于公牒背作文稿。黄长睿得鸡林小纸一卷,已为人书郑、卫《国风》,复反其背,以索靖体书章草《急就》二千一百五十字。余尝疑之。自有侧理以来,未闻有背面皆书者,颜乃惜纸,黄或好奇耳。余幸获校秘阁书籍,每目宋板书多以官府文牒翻其背以印行者,如《治平类篇》一部四十卷,皆元符二年及崇宁五年公私文牒笺启之故纸也。其纸极坚厚,背面光泽如一,故可两用。若今之纸,不能尔也。《疑耀》三。

印书纸有太史、老连之目,薄而不蛀,然皆竹料也。若印好板书,须用绵料白纸无灰者,闽、浙皆有之。而楚、蜀、滇中绵纸莹薄,尤宜于收藏也。

蔡君谟尝禁所部不得用竹纸,盖有狱讼未决而案牍已零落者矣。今时有刚连、连七、毛边之目,尤极腐烂,入手即碎,而人喜用之者,价值轻尔。毛边为纸中第一劣品。《五杂俎》十二。

古墨迹必表古而里新。赝作者用古纸漫汁染之,则表里俱透。微揭视之,乃可见矣。曹昭《格古要论》二。

读孟元老《梦华录》十卷,系元板明初印,纸背为国子监生功课簿。周香严藏南宋大字板《两汉书》不全本,其纸背多洪武中废册。《竹汀日记》。

宋(背)〔版〕《周易注疏》,每页纸背有“习说书院”四字长印。〇影宋写《周易集解》用明时户口册籍,纸上有“嘉靖伍年”等字,既薄且坚。反面印格摹写,工整绝伦,纤毫无误。《经籍跋文》。

《唐书》:印纸坚致莹洁。每叶有“武侯之裔”篆文红印在纸背者,十之九似是造纸家印记,其姓为诸葛氏。《天禄》。

《资治通鉴考异》:是书字体浑穆,具颜柳笔意。纸质薄如蝉翼,而文理坚致。为宋代所制无疑。《天禄》御题。

余所见宋本《文选》,亡虑数种。此本缮刻极精,纸用澄心堂,墨用奚氏。《天禄》王世贞跋。〇又曹子念跋云“楮色莹腻”。

仿梓

黄氏《宋提刑洗冤录跋》:“明人喜刻书,而又不肯守其旧,故所刻往往戾于古。”

搜访

《南雷诗历·谢胡令修借孝辕先生藏书诗》:“闻说匡床扬子居,何期得见昔人书。尘封蠹走精神在,墨艳朱明岁月除。寰海被兵方贱士,传家有集胜垂鱼。一瓻还借我无有,惭愧此来幸不虚。”

《列朝诗传》:钱叔宝闻有异书,虽病必强起,匍匐借观,手自抄写,几于充栋,穷日夜校勘,至老不衰。子允治,酷似其父。

乌镇之有知不足斋藏书也,宸章特赐褒题,而尤为希世之籍,人不得见者,《图书集成》赐书在焉。乾隆朝,海内蒙赐者四家,而鲍氏居首。己(辛)〔卯〕闰月,买舟往观,值主人渌饮之子志祖也。有事吴门未归,属小阮听香秀才为之主,居停于镇之南宫道院。日自斋中载五六百册,分编披读。时当初暑,挥汗如雨,日暮蚊虻四集,烧烛继晷,目为之昏,不恤也。凡六日而毕。其斋去镇四五里,于将行之日造焉。村落几家,渌水环门,青山入牖,桑麻竹树,弥望一色,真读书耕隐之所也。……冯巳苍闻寒山赵氏藏有宋椠本《玉台新咏》,未肯假人。尝于冬月挈其友舣舟支硎山下,于朔风飞雪中,挟纸笔,袖炊饼数枚,入山径造其庐,乃许出书传录。堕指呵冻,穷四昼夕之力,抄副本以归,旁人笑为痴绝,不顾也。时传为佳话。《第六弦溪文钞》二。

《序张月霄金文最》:“犹忆己卯夏,偕访知不足斋鲍氏,借读《图书集成》,日分阅数百巨册。迨莫,余倦而息矣,月霄则燃烛煌煌,蚊虻四集,漏再下不辍。……平居键户,未尝出门。一闻有未见书,即欣然命驾。先是春间入山,住清凉寺,读释藏数日。自雪溪归,又偕何君梦华往金陵，读朝天宫道藏。炎蒸暑暍，往返经月，不恤也。”

西湖孤山之麓，有法驾行宫，其左为文澜阁，储《钦定四库全书》。乾隆四十九年奉上谕，如有愿读书者，许其陆续领出，广为传写。盖高宗纯皇帝嘉惠士林之意至深厚也。道光乙未，钱雪枝通守以校勘《丛书》，约同人游西泠，同行者顾尚之、李兰垞及予与雪枝、鲈香昆季，凡五人。……文澜阁凡三层，各五间。最下层中置《图书集成》，左右皆经部；次上层周围而凹，其南为史部；最上层则子部、集部。其书函以香楠，首刻签题。经饰以绿，史以朱，子以蓝，集以浅绛，每册之护叶如之。华谷里民《湖楼校书记》。是役也，校书者五人，顾尚之、钱即山、鲈香、孙饴堂及予；绘图一人，李兰垞；计字一人，周翁；司收发二人，钱塘周竹所、休宁孙某。抄胥在寓者三十馀人，在外者十馀人，凡四十馀人。除就校书八十馀种外，凡抄书六十一种。又《馀记》。

偏嗜

玉照席氏、庆曾孙氏、虞岩鱼氏，皆斤斤以雪抄露校衍其一脉，惟多留心于说部小集，以一二零编自喜。月霄张子于金、元两代遗集，更加意搜访。中如王朋寿之《类林》，孔元措之《祖庭广记》，蔡松年之《明秀集注》，与吴宏道之《中州启劄》，皆当世绝无仅有之书。黄廷鉴《爱日藏书序》。○此祁刻四卷本序。

常熟有二派：一专收宋椠，始于钱氏绛云楼、毛氏汲古阁，而席玉照殿之；一专收精钞，亦始于毛氏、钱氏遵王、陆孟凫，而曹彬侯殿之。潘祖荫《稽瑞楼序》。

幸月霄二兄视明刻如宋本，物得其所，于心稍安。黄跋明刊《潜夫论》。

钱警石得徐俟斋集，谓："见顾千里《思适斋集·跋俟斋与杨潜夫札子》云：'《居易堂集》失传于世，并尠知其名者。'乃知此集虽俟斋同郡后人好事若千里者亦未见云云。后遇吴门顾湘舟，言《居易堂集》藏书家多有之，涧薲专心古籍，于乡先哲著述转多未见耳。"《甘泉集》六。

传录

此本乃吴君枚菶所赠。枚菶长洲庠生，手抄秘籍数百种，日夕不辍，因而损一目。《半毡斋跋》。

江南江元叔家所钞书，多用由拳纸，方册如笏头，青缣为标，字体工拙不一，《史记》《晋书》或为行书，笔墨尤劲。其末用越州观察使印，亦有江氏所题。《挥麈后录》。

《金石录》三十卷，昆山叶文庄故物，首尾二纸则公手所自书。予收得吴文定公写本书亦然，乃知前贤事事必有体原，贵乎多见而识之也。《善本室》何焯《金石录》跋。

司李雷雨津尝赠之诗曰："行野樵渔皆拜赐，入门童仆尽抄书。"人谓之实录云。《毛潜在（寿）〔乞〕言小传》。○《主人小传》云"行野田夫皆谢赈"。

宋刊《皇祐新乐图记》有伯玉识云："己亥良月借虎丘寺本录，盖当时所赐，藏之名山者也。末用苏州观察使印，长贰押字，志颁降岁月。平生每见承平故物，辄慨然起敬，恨生不于其时，乃录藏之，一切仿元本，无毫厘差。"又后九十一年，寿民得其书录之。是影写之风，宋元正有。

假借

《颜氏家训》曰："借人书籍，皆须爱护，先有缺坏，就为补治，此亦士大夫百行之一也。"然人之借书，因而不还者多矣。能如颜氏之训者，百无一二。故世俗有激而为之言曰："借书与人为一痴，还书与人为一痴。"甚言书之不可轻借与人也。而字书有瓻字，读若痴，注云："古之借书盛酒瓶也。"酒罂盛书，亦太不韵，此必未解攘人书者，借亦何妨？《闻见录》云："尝疑借书还书，理也，何痴之云？后见王乐道与前穆四书云：'《出师颂》最绝妙，古语：借书一瓻，还书一瓻。'乃知今人讹以瓻为痴也。"予谓还书固是理，无奈不循理者多何！二说并存之可也。《郁岗斋笔麈》。【眉批】吾丘衍《闲居录》："古称'借书一瓻，还书一瓻'，瓻，瓦瓮也，所以承其书卷。古书无方册，恐其遗落耳。"

文渊阁藏书，皆宋元秘阁所遗，虽不甚精，然无不宋版者。因典籍多，赀生既不知爱重，阁老亦漫不检省，往往为人取去。余尝于溧阳马氏楼中见种类甚多,每册皆有文渊阁印。己丑既入馆,阁师王荆石先生谓余与焦弱侯曰:“君等名为读中秘书,而不读中秘书何为?吾命典籍以书目来,有欲观者可列其目以请。”少顷,典籍果以书目来,仅四册,凡余所见马氏书,已去其籍矣;及按目而索,则又十无一二,存者又多残阙。讯之,则曰:“丙戌馆中诸公领出未还故也。”时馆长彭肯斋烊已予告归,无从核问。试以询院吏,院吏曰:“今在库中。”余大喜,亟命出诸库。视之,则皆易以时刻人事书,非复秘阁之旧矣。余亟令交还典籍,典籍亦竟朦胧收入。今所存仅千万之一,然犹日销月耗,无一留心保护者,不过十年,必至于无片纸只字乃已,甚可叹也。同上。

好自矜啬,傲他氏以所不及,片楮不肯借出。尽有单行之本,烬后不复见于人间。予深以为鉴戒。偕同志申借书约,以书不出门为期,第两人各列其所欲得,时代先后、卷帙多寡相敌者,彼此各自觅工写之,写毕各以奉归。昆山徐氏、四明范氏、金陵黄氏皆谓书流通而无藏匿不返之患,法最便。曹溶《绛云书目叙》。

尽发家藏书读之,不足则抄之同里世学楼钮氏、澹生堂祁氏,南中则千顷斋黄氏,吴中则绛云楼□氏[1]。穷年搜讨,游屐所至,遍历通衢委巷,搜鬻故书。薄暮一童肩负而返,乘夜丹铅。次日复出,率以为常。谢山《梨洲碑文》。

---

①按即绛云楼钱氏,因钱谦益名触清代时忌,故空格缺字。

谚云："借书一瓻，还书一瓻。"宋葛文康公好借书，尝以酒券从(高)〔尚〕公辅假《太平御览》，诗在《丹阳集》中，词林至今以为美谈。古人次韵云"酒券赊文籍"，盖谓此也。长安酒贵，无从贳一瓻，又无酒券，可以当假许之壁，比于文康为幸，而惠借者胜于公辅远矣。《简庄随笔》。

明赵釴《�林子》四："林时隐博学多闻，深明象纬，聚书数千卷，皆自校雠，语子孙曰：'吾与汝曹获良产矣！'昔先正亦云：'积书以遗子孙，子孙未必能读。'吾尝笑其言。夫积书，所以尚友古人，自广闻见，岂徒遗子孙为功名计耶？若恃是为产，恐亦易徙。昔杜暹家藏书，皆是题跋尾以戒子孙曰：'损俸买来手自校，子孙读之知圣道，鬻及借人皆不孝。'似亦过为着意，与李赞皇平泉花草，其意相同。噫！此岂一家能数百年物耶？吾每蓄书，辄祝之曰：'愿长有贤者披阅，不使蠹鱼相侵，更得展用，即为得所。'但惜书过甚，不轻批点，友朋相借犹有吝，亦是痴态未除。"

柳公绰家藏书万卷，经史子集皆有三本，色采尤华丽者镇库，又一本次者长行披览，又一本又次者后生子弟为业。皆有厨格，部分不相参错。钱易《南部新书》丁。

校雠

《第六弦溪文钞》一《校书一》："古人校书，只于一书有诸本者，考其同异，别其音义，定成善本。未有采摭他书之文以竄改者。……校之与改,义亦迥别。凡同一书而据甲本以改乙本者,谓之校;校一书而摭他书以改者,谓之改。若凭臆竄乱而并灭其迹者,则改而妄矣。妄改之病,唐宋以前,谨守师法,未闻有此。其端肇自明人,而盛于启、祯之代,凡《汉魏丛书》以及《稗海》《说海》《秘笈》中诸书,皆割裂分并,句删字易,无一完善,古书面目全失,此载籍之一大厄也。近抱经、经训两家,校刊诸书,皆称善本,实一洗明代庸妄之习。然多据他书以考订一是,未合唐宋以前(宋)〔先〕儒谨守之法。所善者在注存旧本,不没其真,犹循朱子《考异》之例,俾学者得以考其得失,则是寓改于校,而非专一于改也。"○《弦溪》卷三《书齐民要术后》:"予自三十年来,所校古籍,不下五六十种。而所最惬心者,惟《文房四谱》《广川画跋》二书,皆从讹缪中力开真面。今得此书而三矣。"

唐人诗在毛刻为最精,而改换行款,喜易古字,异本标"一作"于下。迩时参合各本,择善而从,后来卢抱经、孙渊如墨守此派。陆敕先则据一宋本,笔笔描似,而讹字亦从之,缩宋本于今日,所谓下真迹一等者,后来黄荛圃、汪阆源墨守此派。两派一居校雠,一居赏鉴,均士林之宝笈也。《艺风堂·杜荀鹤文集》。

荛圃尝曰:"汲古阁刻书富矣,每见所藏,底本极精,曾不一校,反多臆改,殊为恨事。"斯言良然。安得好古者悉照元本,精(募)〔摹〕付梓,嘉惠艺林,厥功不亦懋哉!陈仲鱼跋《后汉》。

每卷有正误数条，言所以去取之意，如后世校勘记之类。元版《仪礼集说》。

又余闻前辈云，经史校本，以顾亭林先生手定为第一，惜书归三晋，不得见云。《甘泉稿》十四《李敬〔堂〕跋义门校本后汉书》。

臣过计有三不可：国初文籍虽写本，雠校颇精，后来浅学改易，(浸)〔寖〕失本指，今乃尽以印本易旧书，是非相乱，一也；凡庙讳未祧，止当阙笔，而校正者于赋中以"商"易"殷"、以"洪"易"弘"，或值押韵，全韵随之，至于唐讳及本朝讳，存改不定，二也；元阙一句或数句，或颇用古语，乃以不知为知，擅自增损，使前代遗文幸存者转增疵累，三也。《纂修文苑英华事始》。○周必大。

藏印

书签：《丁桧亭集》"徐氏汗竹巢珍藏本元板"。

冯砚祥有不全宋椠本《金石录》，刻一图记曰"金石录十卷人家"，长笺短札，帖尾书头，往往用之。《敏求记》。

钱听默名时霁，号景开，茗估中最有名。其捺经眼印者，书必佳。《艺风堂·司空表圣集》。

元本《礼记集说》，余得诸中吴袁氏五砚楼者，末有"白堤钱听默经眼"小印，盖书贾钱景开所收，而袁氏购之。《经籍跋文》。

宋刻《唐书》不全本，卷首朱印"绍兴府镇越堂官书”。竹汀跋。【眉批】《瞿目·旧唐书》:“有朱文正书长方印曰‘绍兴府镇越堂官书’,考镇越堂在绍兴府署,蓬莱阁之下。”

余之爱书并爱藏书者,后人其谅予苦心哉!《士礼居跋·校本陆南唐》。

婺本《点校重言重意互注尚书》十三卷,钱楚殷藏本,有印云“传家一卷帝王书”。《瞿目》。

琴川毛晋藏书,类以甲乙丙次,是书于“宋本”印记之下,复加“甲”字印,乃宋椠之最佳者。《周易》。○《天禄》。

御史季振宜藏书,仿毛晋汲古阁例,有“宋本”椭圆印,以志善本。《毛诗》。○《天禄》。

《春秋公羊经传解诂》:书中每间数纸,辄有真书木印曰“鄂州州学官书”,曰“鄂泮官书,带去准盗”。《天禄》。

“鬻及借人为不孝”,乃收藏家取唐杜暹语以示其后人。考宋周煇《清波杂志》称:“暹每于所藏书末自题云:‘清俸买来手自校,子孙读之知圣道,鬻及借人为不孝。’”《天禄》。

《元和姓纂》,富郑公家书。甲子岁,洛阳大水,公第书无虑万卷,率漂没放失,市人时得而鬻之,“镇海节度”印章犹存。是书尚轶数卷,以郑公物藏之。《东观馀论》。○又云:“卷首有‘镇海军节度使’印,盖富韩公家旧本也。”

刘壮舆家庐山之阳,自其祖凝之以来,图书多有藏印,今不存。高似孙《史略》。【眉批】壮舆名羲仲,恕之子,作《五代史纠谬》。

关借官书，常加爱护，亦士大夫百行之一也。仍令司书明白□簿，一月一点，毋致久假或损坏。去失依理追偿，收匿者闻公议罚。《仪顾·北宋蜀费氏进修堂大字本〔通鉴〕》朱文木记。

朱竹垞印，一面刻朱文戴笠小像，一面镌白文十二字曰“购此书，颇不易，愿子孙，勿轻弃”。【眉批】此即钟鼎“子孙永宝”之意。“我生之年，岁在屠维大荒落，月在橘壮，十四日癸酉时”朱文方印。《仪顾·明抄紫岩易传》。

吴兔床藏书印“寒可无衣，饥可无食，至于书不可一日失。此昔人诒厥之名言，是为拜经楼藏书之雅则”。又“临安志百卷人家”。白文长方印。又“千元十驾人家藏本”。白文长方印。○朱绪曾《开有益斋读书志》云：“与‘百宋一廛’，以‘千元十驾’揭榜与之敌。得宋《咸淳临安志》九十一卷、《乾道志》三卷、《淳祐志》六卷，刻一印曰‘临安志百卷人家’。”

百宋一廛：潘文勤《士礼居题跋序》：“其子同叔茂才寿凤善篆刻，专师钱十兰。”

□□□□□敬以此书义助于浙江杭州府武林门外广仁义塾永远为有志之士公读者。五行三十五字（方文）方印，朱文木印。○《蜀石经毛诗考异》残本。○《愚谷》一。

庆元路提学副使晒理书籍关防。宋椠《王注东坡》。

百计寻书志亦迂，爱护不异随侯珠。有假不返遭神（珠）〔诛〕，子孙不宝真其愚。钱叔宝木记。○《爱日·昼上人集》。

尝论(诗)〔书〕贵旧本,非独校勘之为贵也。夫古人远矣,今得其所读之书,如接其謦欬而见其手泽。展卷以思古人之所学如彼,而我何以不能也!其论如此,即其用心可知矣。《天真·陈子准传》。

王弇州藏书,每以“贞元”二字钤之,又别以“伯疋”“仲疋”“季疋”三印。《东湖丛记》。〇案毛子晋云:“‘贞元’本唐德宗年号印,恰符弇州名字,故其秘册往往摹而用之,下必继以三疋印。”

遯园居士言:“金陵盛仲交家多藏书,前后副叶上必有字,或记书所从来,或记他事,往往盈幅,皆有钤印。”《香祖笔记》。

《颜氏家训》:“借人典籍,皆须爱护,先有缺坏,就为补治,此亦士大夫百行之一也。”皇山人述。《续谈助》[①]。

真赏

功父晚葺故庐[②],读书其中,闻有异书,虽病必强起,匍匐借观,手自钞写,几于充栋,穷日夜校勘,至老不衰。子允治酷似其父,年八十馀,隆冬病瘍,映日抄书,薄暮不止。《列朝诗集小传》。

---

①此为姚咨(皇山人)抄本《续谈助》之藏印,参见黄丕烈《士礼居藏书题跋记》卷四。
② “功父”有误,此为钱穀,字叔宝。功父为其子允治字。

元朗以岁贡，授翰林院孔目，郁郁不得志，每喟然叹曰："吾有清森阁在东海上，藏书四万卷，名画百签，古法帖鼎彝数十种，弃此不居，而仆仆牛马走，不亦愚而可笑乎？"同上。

朱大韶字象元，华亭人。由南司业解任归，筑精舍，构文园，以友朋文酒为事，性豪侠轩举。晨起登阁，手丹黄点勘异书数叶，始就栉盥，应宾客。骚人墨客，履次于户。《松江府志》。

王百穀跋《六臣注文选》云："流传三百年，既免蠹鱼之腹，又不落雌黄之手，岂灵签秘笈，神物呵护之耶？"【眉批】鉴赏家有"真、精、新"之说，于古书亦然。

闺阁

书中字画端好，皆出自钱氏老妾寡媳之手。《未刊书目·钱仪吉三国志会要手稿》。

益斋年逾古稀，钞书不辍。二十年前，尝钞《乐书》全部，影宋精绝，共计(二)〔一〕千二百馀叶，以旧藏宋本，更假东津亭马氏所藏宋本校正，阅两年而成。图谱多其长子妇所绘，吾家几山文学善扬之女也。《曝书杂记》二。

阅其图记，知为明赵寒山故物，书侧题识，尚其手笔。想见陆卿子翠袖摩挲时，觉鹿门之高风，去人未远。《拜经楼·汉隶分韵》。○卿子，陆师道女也。按《列朝诗集》："陆大家名卿子，太仓赵宧光之室。偕隐寒山，手辟荒秽，疏泉架壑，善自标置，引合胜流。而卿子又工于词章,翰墨流布,一时名声藉甚。人以为高人逸妻,如灵真伴侣,不可梯接也。”

《小疋以所藏毛抄林和〔靖〕手帖見示漫题》:“延平家事惟孤鹤,汲古抄肯半冶妆。归向鸥波开画箧,梅花香过墨花香。”自注:子晋书跋有云“命侍儿效率更令书者”。○《拜经楼诗集》四。

《杭郡诗辑》:“梦华精于簿录之学,家多善本,嗜古成癖,素有狂疾。姬人媚兰,故大家青衣也,梦华嬖之。吴江郭麐《怀梦华》诗云:‘如愿拌偿十斛珠,牙签围住万蟫鱼。莫言狂疾无灵药,新得佳人未见书。’”

《甘泉乡人稿·藏书述》:“先宜人顾而喜曰:‘儿好书,可以毕父兄之志矣!惜吾家耆英堂数万卷,尽属他姓,否则恣所流览也。’”

张鉴《泽存楼藏书后记》:“秀水计曦伯母沈太孺人,能以诗书勖子孙,如新喻刘氏妻陈之治墨庄。余过高明之家,网罗放失,汗牛充栋,迨其后风灯石火,忽焉灰烬。其故何也?必先有不能为之主持,定识定力如计氏。于是益钦太孺人,直超出寻常万万,斯克成此伟观也。”

蒋生沐《拜经楼藏书题跋记后序》:“光煦少孤,先人手泽,率为蠹鱼所蚀。顾自幼即好购藏。三吴间贩书者皆苕人,来则持书入白太安人请市焉,辄叹曰:‘昔人有言,积金未必能守,积书未必能读。若能读,即为若市。’以故架上书日益积。”叶昌炽云:“生沐弟光焴字寅昉,吾友查翼甫之妇翁。翼甫奁赠中有元中统本《史记》,余尝见之。”

何元锡为孔氏婿，其奁赠中有元板《孔氏祖〔庭〕广记》五册，装潢古雅，签题似元人笔。黄跋。

严可均《书明刻太平御览后》："张天如先生曾孙语予曰：'先高祖有宋刻本《御览》千卷，先曾祖分授二女作嫁装，各得五百卷。今但问陆愿吾，即先祖姑之孙。'"陆时化字润之〔号〕听松之子。

月霄连试不得志，自奋于古，慨然思为杜、郑、马、王之学。日购奇书读之，遇宋刊元槧，不惜多方罗致，积书至八万馀卷。孺人濡染既深，遂能别识。月霄撰《爱日精庐藏书志》，其中去取，颇资商榷焉。每重价购得秘籍，必相对鉴赏，孺人知其难为继也，从容进曰："蓄之富，何如读之熟也？"其明识婉顺如此。孙子潇《天真阁集·张月霄妻季孺人传》。

吾妻以余好书，故家有零落篇牍，辄令里媪访求，遂置书无虑数千卷。《震川集·世美堂后记》。○《瞿目》宋刻《邓析子》有王夫人印记。

《曝书亭词稿》，为先生侍姬徐手写，书法纤媚，尤令人爱不忍释。天壤奇珍，连城不足贵也。常熟翁(润之)〔之润〕跋。

聚散

某老且死，有平生所藏书，甚秘惜之。顾子孙稚弱，不自树立。若其心爱名，则为贵者所夺；若其心好利，则为富者所售，恐不能保也。今举以付子，他日其间有好学者归焉，不然则子自取之。南阳公与公武书。

予生晚，不及拜遂初先生。闻储书之盛，又恨不能如刘道原所以假馆于春明者。宝庆初元冬，得罪南迁，过锡山，访前广德使君，则书厄于火者累月矣。为之彷徨不忍去。因惟国朝藏书之盛，鲜有久而弗厄者。孙长孺自唐僖宗为榜“书楼”（三）〔二〕字，国朝之藏书者莫先焉，三百年间，再毁于火。江元叔合江南吴越之藏，凡数万卷，为臧仆窃去，市人裂之以藉物。其入于安陆张氏者，传之未几，一箧之富，仅供一炊。王文康、李文正、庐山刘壮舆、南阳井氏皆以藏书名，凡未久而失之。宋宣献兼有毕文简、杨文庄二家之书，不减中秘，而元符中荡为烟埃。晁文元累世所藏，自中原无事时，已有火厄；至政和甲午之灾，尺素不存。《鹤山·遂初堂书目后跋》。

又云：“使子孙不能世守，如江、张、王、李诸家，是固可恨。若孙氏、晁氏则子孙已守之矣，而火攻其外。矧如尤氏子孙，克世其家，滋莫可晓。”

书籍之厄：世间凡物，未有聚而不散者，而书为甚。隋牛弘请开献书之路，极论废兴，述五厄之说。【眉批】牛弘五厄说见《隋书》本传。则书之厄也久矣，今姑摭其概言之。梁元帝江陵蓄古今图书十四万卷。隋嘉则殿书三十七万卷。唐惟贞观、开元最盛，两都各聚书四部，至七万卷。宋宣和殿、太清楼、龙图阁，御府所储，尤盛于前代，今可考者，《崇文总目》四十六类三万六百六十九卷,史馆一万五千馀卷,馀不能具数。南渡以来,复加集录。《馆阁书目》五十二类四万四千四百八十六卷,《续目》一万四千九百馀卷。是皆藏于官府耳。若士大夫之家所藏,在前世如张华载书三十车,杜兼聚书万卷,韦述蓄书二万卷,邺侯插架三万卷,金楼子聚书八万卷,唐吴兢西斋一万三千四百馀卷。宋承平时,如南都戚氏、历阳沈氏、庐山李氏、九江陈氏、番阳吴氏、王文康、李文正、宋宣献,晁以道、刘壮舆,皆号藏书之富。邯郸李淑五十七类二万三千一百八十馀卷,田镐三万卷,昭德晁氏二万四千五百卷,南都王仲至四万三千馀卷,而类书浩博,若《太平御览》之类,复不与焉。次如曾南丰及李氏山房,亦皆一二万卷,然其后靡不厄于兵火者。至若吾乡故家,如石林叶氏、贺氏,皆号藏书之多至十万卷。其后齐斋倪氏、月河莫氏、竹斋沈氏、程氏、贺氏,皆号藏书之富,各不下数万馀卷,亦皆散失无遗。近年惟直毛本误贞。斋陈氏书最多,盖尝仕于莆,传录夹漈郑氏、方氏、林氏、吴氏旧书,至五万一千一百八十馀卷,且仿《读书志》作《解题》,极其精详,近亦散失。至如秀岩、东窗、凤山三李、高氏、牟氏,皆蜀人,号为史家,所藏僻书尤多,今亦已无馀矣。吾家三世积累,先君子尤酷嗜,至鬻负郭之田,以供笔札之用。冥搜极讨,不惮劳费,凡有书四万二千馀卷,及三代以来金石之刻一千五百馀种,庋置书种、志雅二堂,日事校雠,居然籯金之富。予小子遭时多故,不善保藏,善和之书,一旦扫地。因考今昔,有感斯文,为之流涕。因书以识吾过，且以示子孙云。周密《齐东野语》十二。

《甘泉乡人馀稿》一《校史记杂识》："咸丰丁巳二月，见蒋生沐藏日本刻本《史记评林》，记其大略于别策，拟暇时借校。今生沐书尽为盗毁，生沐死矣，思之泫然。庚申十二月望记于借荫居。"

虞山宗伯生神庙盛时，早岁科名，交游满天下。尽得刘子威、钱功父、杨五川、赵汝师四家书，更不惜重资购古本，书贾奔赴捆载无虚日。用是所积充牣，几埒内府，视叶文庄、吴文定及西亭王孙或过之。曹序《绛云》。

又云："入北未久，称疾告归。居红豆山庄，出所藏书，重加缮治，区分类聚，栖绛云楼上，大椟七十有三。顾之自喜曰："我晚而贫，书则可云富矣！"甫十馀日，其幼女中夜与乳媪嬉，楼上剪烛灺落纸堆中，遂燧。宗伯楼下惊起，焰已涨天，不及救，仓皇出走。俄顷楼与书俱尽。"

谢在杭多藏书，殁后，诸子尽鬻遗籍，半由陈开仲归之周亮工。

梁溪顾氏书，至孝廉修远宸尤富。后归吴中丞兴祚。《池北偶谈》。锡山顾修远，宋板颇著闻一时，然不免归于豪家。《征刻唐宋秘本书例》。〇按起经字长济，后更名元纬，以国子生谒选，授广东盐课副提举。弟起纶，辑明诸家诗，名《国雅》。〇宸字修远，崇祯十二年乡举。有盛名，亦好书，所藏甚富，尝辑《宋文选》刻之。

梁元帝在江陵，蓄古今图书十四万卷，将亡之夕，尽焚之。隋嘉则殿有书三十七万卷，唐平王世充，得其旧书于东都，浮舟溯河，尽覆于砥柱。贞观、开元募借缮写，两都各聚书四部，禄山之乱，尺简不藏。代宗、文宗时，复行搜采，分藏于十二库，黄巢之乱，存者盖尠。昭宗又于诸道求访，及徙洛阳，荡然无遗。今人观《汉》《隋》《唐》经籍艺文志，未尝不茫然太息也。晁以道记本朝王文康初相周世宗，多有唐旧书，今其子孙不知何在；李文正所藏既富，而且辟学馆以延学士大夫，不待见主人，而下马直入读书，供牢饩以给其日力，与众共利之，今其家仅有败屋数楹，而书不知何在也；宋宣献家兼有毕文简、杨文庄二家之书，其富盖有王府不及者，元符中，一夕灾为灰烬；以道自谓家五世于兹，虽不敢与宋氏争多，而校雠是正，未肯自逊，政和甲午之冬，火亦告谴；惟刘壮舆家于庐山之阳，自其祖凝之以来，遗子孙者唯图书也，其书与七泽俱富矣，于是为作记。今刘氏之在庐山者，不闻其人，则所谓藏书，殆亦羽化。乃知自古到今，神物亦于斯文为靳靳也。宣和殿、太清楼、龙图阁，御府所储，靖康荡析之馀，尽归于燕，置之秘书省，乃有幸而得存者焉。《容斋续》十五。

《读知不足斋赐书图记》中有"慨渌饮既亡，询及秘抄异录，已多散失"云云。黄廷鉴《第六弦溪文钞》二。

吾邑继起者，又得二人：一曰陈子准，一曰张月霄。二人家世儒学，旧有藏书，至两君而更扩大之。月霄之藏弆，后于陈君十年，不数载而富与之埒。……两君志趣同，而各有所主。张则钟于经籍，而兼爱宋元人集；陈则专于史志，而旁嗜说部。其于书也，张则乐与人共，有叩必应；陈则一室静研，慎于乞假。《弦溪》二《藏书二友记》。【眉批】陈殁于道光庚寅以前，据《虞乡（文）续记〔虞文续录〕序》[①]。

《恬裕斋藏书记》：时城中稽瑞、爱日两家，竞事储藏鼎峙。未几，两家先后废散，君复遴其宋元善本，为世所珍者，拔十之五，增置插架。由是恬裕藏书，遂甲吴中。

子准夭无子，半生心血所收，徒供族人一卖。月霄家落，责负者倾囊倒箧，捆载以去。顾千里《爱日志序》。

嘉庆年间，陈子准先生及张氏金吾并以藏书称。张氏之书及身而散。陈子准无子，殁后书亦尽散。吾师翁文端公与子准厚，既恤其身后，以重值收其藏本，仅得三四，散失者已不少矣。

周星诒跋毕刊《吕氏春秋》："全书旧藏柯溪李氏，其先人与桂未谷、顾千里诸先生游，藏书多而精。甲乙之间，连舟卖之孙古馀，此其散出之一二也。"

乙亥道廿[②]。士礼居跋："萧山李柯溪侨居吴市，颇收古书。予友吴枚庵与之往还。"戊寅廿三。又跋："柯溪去官业贾，人本麤豪。余虽于枚庵座中一识其面，未敢与订交矣。所收书大概为转鬻计，盖萧山有陆姓豪于财而喜收书。今日能收书者，大半皆能蓄财者，可慨也夫！"

---

①按据翁心存《知止斋日记》，陈揆（子准）殁于道光乙酉（1825）。
②"乙亥"为嘉庆二十年，"道廿"误，当作"嘉廿"。

【眉批】黄与周说不同。山阴徐氏得李书不少，其书皆有“柯溪李氏”“小李山房”“子孙保之”诸印。

何义门跋宋版《周贺诗集》云：“东海司寇所有宋槧唐人诗集五十馀家，悉为扬州大贾项景原所得。”《瞿目》。

屹然孤阁月湖间，烽火愁看郭外环。却忆龙门先见远，奇书只合贮名山。○天一阁在城内月湖畔，当唤夷出入之冲，故进兵时，生员范邦甸、范邦瞵、范昇等禀请曰：“城初陷，遗书几不保，生等以先泽所在，死守不去，今幸无恙。不日大兵破城，恐兵勇或不知，愿乞执照，预为禁压。”将军乃发给告示而去。奕经进剿宁波事。○木居士贝青乔《咄咄吟》。

王梓材《宋元学案考略》：“谢山先生卒，其书多归同邑抱经楼卢氏。月船字配京，抱经之宗子，而谢山高弟也。乾隆癸酉举人，任平阳学谕。孙卓人，茂才。”

吾郡藏书家，自康、雍之间碧凤坊顾氏、赐书楼蒋氏后，嘉庆时以黄荛圃百宋一廛、周锡瓒香岩书屋、袁寿阶五砚楼、顾抱冲小读书堆为最，所谓“四藏书家”也。后书归汪阆源观察士钟。潘《艺芸目跋》。【眉批】吴中四大。

癸丑秋跋《礼记郑注》：“今秋从东城顾氏借得残宋本《礼记郑注》。”○己卯中秋跋《论语集解》：“是书向藏碧凤坊顾氏，予曾见之。后归城西小读书堆。今复散出。”【眉批】惠松崖之书，疑为朱文游所得。黄跋第言从朱借阅惠书也。

余尝见媒媪携玉佩数事，云某公家求售，外裹残纸，乃北宋椠《公羊传》四页，为怅惘久之。《姑妄听之》一。

《銮坡遗事》载："宋太祖平江南，赐翰林院书三千卷，皆纸札精妙，多先唐旧书，亦有是徐（铉）〔锴〕手校者。其后散失过半，钱惟演再入院编排，得千馀卷而不成部帙。"乃知人情不大相远，此弊自宋已然。然今行人司、尚宝司皆有藏书署印者，司其扃钥出内，亡所散失；而翰林乃无一书，岂不可耻！尝至一室，锁闭颇严，问为何室，曰："藏文书者。"亟命觅其牡启之，乃陈案牍委弃屋角，与粪壤俱积，糜烂过半矣。因问藏书在何处，吏曰："本院从来无书。"《郁岗斋笔麈》。

《偃曝（馀谈）〔谈馀〕》亦云："朱太史文石广蓄宋板，而抄本书亦不下诸君。捐馆之后，散落人间，孙汉阳收得之。至今借读，皆朱氏收藏印记。"

目录

《唐·艺文志》，次第绝无法式。甲部经录礼类中载《周礼》《仪礼》，自可以类推；而于乐类中乃载崔令钦《教坊记》、南卓《羯鼓录》，夫教坊、羯鼓，何得与雅乐同科？乙部史录杂传记类中载圈称《陈留风俗传》三卷，而于地理类中亦载之；崔豹《古今注》于仪注类中言一卷，于杂家类中言三卷；《世说》则小说之属也，刘义庆《世说》八卷、刘孝标《续世说》十卷既载之小说类中矣，而王方庆《续世说》十卷复载诸杂家类中，是不可晓也。丙部子录道家类中，既载神仙三十五家，又载释氏二十五家，无乃太泛滥欤？此等自合各立一类收之。又道家类中既纯载《老子》及《列》《庄》《文》《庚》四辅等书，以符咒、修摄、灵验、变化等为神仙，然于神仙类中复载玄景先生《老子道德要义》五卷、贾参寥《庄子通真论》三卷，此又杂之甚者也；又道家中载张志和《玄真子》十二卷，而于神仙类中载之，则云二卷而已，张志和，一人之身也，一人之口也，岂十二卷者惟说清静无为，而此二卷者多说金丹大药、飞升隐化事？皆不可得而考之也。《敬斋古今黈》。

《崇文总目》，宋王尧臣等奉诏仿《开元四部录》为之。诸儒皆有议论。《通志·校雠略》尝讥其每书之下据标类自见，不必一一强为之说，使人意怠。朱竹垞遂断为绍兴中因郑氏之言而删去叙释。杭大宗谓马贵与、王伯厚生后夹漈百馀年，而其书皆引证其说，嘉定时蔡骥刻《列女传》，首简亦引之，则知此书宋时原未有阙，后世传钞者因其繁重删去。侗云：此言诚是，然《郡斋读书志》《直斋书录解题》皆止一卷，陈伯玉所藏且题曰“绍兴改本”，则二说皆未得矣，南宋流传当有二本。钱侗《崇文总目辑释小引》。

郑樵《通志略》出自钞胥，马氏《文献通考》第录旧目。叶德辉《秘书省续编到四库阙书目序》。○又云：“宋人书目皆以经史子集分部，而《四库目》则经史集子。”

四库书分应刻、应钞、应存目三类。……又择其尤精者为《荟要》，分贮大内及御园，用昭美备。……《四库全书》应缮写者统计十六万八千册。……《四库总目》二百卷,都万有一百九十六种,著录三千四百六十二部七万九千五百八十二卷;存目六千七百三十四部九万三千六百五卷。两纲并举,四部条分。……《简明》则删去存目,漏列版本。李滋然云。

刘歆七略,荀勖四部。后如王俭、阮孝绪之徒,咸从歆例;谢灵运、任昉之徒,咸从勖例。唐之分经、史、子、集,藏于四库,是亦祖述勖而加详焉。欧阳公谓其始于开元,误矣。晁公武云。

夫古书多矣,藏书虽富,未必能备。即备矣,又未必能读。惟从事于诸家簿录,庶古人作书之旨,开卷了然,亦可为多闻之一助。汪士钟云。

盖予从事于此,逾(三)〔二〕十年,自谓目录之学,稍窥一二。然阅历益久,知识益难。曾有《所见古书录》之辑,卒不敢以示人者,以所见之究未遍也。黄荛圃云。

余每遇嗜书之癖,发不可遏,即取《通考》翻阅一过,亦觉快然,庶几所谓过屠门而大嚼者乎!《澹生堂藏书约·鉴书训》。○祁氏极重《通考》之《经籍志》,然又云:"但其所载者,皆当时见行之书,而古人遗轶者,无从考究耳。"又云:"书有定例,而见不尽同,且亦有无取乎同者。"

叶氏廷琯《吹网录》云:"《史载之方》,胡心耘尝为余影钞。书凡二卷,上卷之末,原附跋语,其文不全。尝以询同叔茂才寿凤,因获见荛翁诸跋稿本。"蒋生沐《东湖丛记》。

咸丰时,东南士大夫藏书有名者三人,一仁和朱修伯侍郎学勤，一丰顺丁雨生中丞日昌，一吾邑袁漱六太守芳瑛。朱书多得之长洲顾氏艺海楼、仁和劳氏丹铅精舍；丁书多得之上海郁氏宜稼堂；袁书得之兰陵孙氏祠堂者十之三，得之杭郡故家者十之二，得之官编修时者十之四五。今朱书转归丰润张氏，袁书为其子以折阅售之德化李氏，惟丁中丞有子能守楹书。叶序《结一庐》。

光绪壬申，袁漱六前辈卧雪庐藏书，辇来厂肆火神庙，名钞旧校，触目琳琅。而值极昂，荃孙境又极窘，无计得之，又不能自已，心跃跃然，目炯炯然，逐日蹒跚书城之侧，寝食俱废。见友人中能得者，则谨志之，为他日借阅地。《艺续集·元河南志跋》。

予以癸未被召入京，捡拾阆园藏书尚三万卷，金石所刻亦不下数千卷。先是，人家有一石刻，必购而藏之；有一宋板书，必求而得之。寓京师三十年，每朔望庙市，必质钱争购捆而归，日以为常。故于十三经、廿一史、三教九流、秦碑汉篆、古文奇字，凡旧搨墨迹粉本、大内所藏图书，无一不阑入吾园。无何而秦晋寇起。睹此卷帙重大，庋阁烦多，相对惋惜，常有依依不能自保之意，每家书归，必叮咛告戒，缄縢扃钥，无日忘之。甲申，京师乱，而予之藏书十亡其四五矣。乙酉，人家移徙靡常，予又播迁在外，不暇顾其箧笈，而予之藏书十亡其六七矣。丙、丁两年，予归自京师，收拾馀烬，补葺残缺。又世家大族，为兵所掠者，尽以重价购之，未几复完。至戊子，江右大乱，而予之藏书遂无一存者。顺治庚寅腊月初三日，李明睿。

《金石录序》。

《钦定四库全书》八十五：郑玄有《三礼目录》一卷，此名所由昉也。其有解题，胡应麟《经义会通》谓始于唐之李肇。案《汉书》录《七略》书名，不过一卷，而刘氏《七略别录》至二十卷，此非有解题而何？《隋志》曰："刘向《别录》、刘歆《七略》，剖析条流，各有其序，推寻事迹。自是以后，不能辨其流别，但记书名而已。"其文甚明，应麟误也。今所传者以《崇文总目》为古，晁公武、赵希弁、陈振孙并准为撰述之式。惟郑樵作《通志·艺文略》始无所诠释，并建议废《崇文总目》之解题，而尤袤《遂初堂书目》因之。自是以后，遂两体并行。今亦兼收，以资考核。

《孙氏祠堂书目》序：经学一，小学二，诸子三，天文四，地理五，医律六，史学七，金石八，类书九，词赋十，书画十一，小说十二。近世缪氏目似仿之。

《竹垞行笈书目》以"心事数茎白发，生涯一片青山，空林有雪相待，古道无人独还"二十四字编目。

今夫书之有目，其途每殊。凡流传共见者固无待论，若夫月霄之目，乃非犹夫人之目也。观其某书，必列某本，旧新之优劣、钞刻之异同，展卷俱在，若指诸掌，其开聚书之门径也欤？备载各家之序跋，原委粲然，复略就自叙、校雠、考证、训诂、簿录汇萃之所得，各发解题，其标读书之脉络也欤？世之欲藏书、读书者，苟循是而求焉，不事半功倍欤？……予又念抱冲之存，尝为读书志，裒回矜慎，汔未具稿。予拟撷所见诸藏书家菁华，汇著一录，而亦牵率以老，有愿莫酬。顾千里《爱日精庐藏书志序》。○《思适斋集》。

凡目录家派别，或专纪宋元旧本，如《钦定天禄琳琅》、钱遵王《读书敏求记》、张金吾《爱日精庐藏书志》、黄荛圃《士礼居题跋记》之类是也；或依四部分别，录为一编，如家文庄《菉竹堂书目》、黄俞邰《千顷堂书目》、倪迂存《江上云林阁书目》之类是也；或自成著作，损益刘、班，如孙渊如《祠堂书目》、近张孝达制军《书目答问》之类是也。顾未有以传钞本独为一目者。此目正经、正史、诸子、别集，有刻本者皆未著录，惟传钞之本，并载页数。其中所列之书，近多已传刻，而当时则皆石渠孤本、秘笈奇文，足见晋斋好书之癖，同于其好金石。而此目固可于目录中别树一帜矣。叶德辉序赵晋斋《竹崦庵传钞书目》(序)。

近海内称藏书家曰海源阁杨氏，曰铁琴铜剑楼瞿氏，曰皕宋楼陆氏，与八千卷楼为南北四大家。三家各有其书目行世，而此志独晚出。其所长则有二焉。一在收明人之著述也，晁、陈收至南宋，时代最近，〔今〕距明末二百五十馀年，距明初则五百年，阅世愈远，传本愈难，一刻再刻，业难考订，何敢轻弃，非变例也。一在拾〔乡〕先辈之丛残也，《爱日精庐》间收国朝人未刻之书，今仿其例，尤留意于乡人，虽一卷半帙，亦必详悉备载，如有贤子孙欲求先集，可望流播，以免散遗，宅心仁厚，于此可见。缪《善本书室序》。

海盐马氏玉堂《论书目绝句》若干首，中有《历代帝王编年藏书纪要》云："编年作史古来有，书目编年昔所无。更羡兰陵传八则，指南后学识迷途。"丁申《武林藏书录序》。【眉批】郁泰峰己亥年所收书。〇佳趣堂有编年目。

近来藏书家刊行书目，胪陈宋刊元槧，间及旧钞。归安陆氏始收(名)〔明〕初人文集，钱塘丁氏所收尤多，至收及国朝刻本。陈仲鱼《经籍跋文》载殿板《四书》尚作疑辞，而木夫此册则国朝刻本居其大半，是在书目中又开一例。其实国朝影宋本雕镂工细，考订精审，顾千里所谓"缩宋本于今日"也。近日传钞新书、东瀛刊本大半入录，两者相较，不有新旧之别耶？况国初及乾嘉以前，近者百年，远者至二百馀年，如明中叶仰企天水，洊经兵燹，不易流传，而价值之贵，亦与毛、季诸公购宋、元无异，安得以新刻薄之乎？缪跋《古泉山馆题跋》。

嘉兴丁子复《袁寿阶先生传》……[1]

装潢

今秘阁中所藏宋板诸书，皆如今制乡会试进呈试录，

---

①按丁子复《见堂文钞》卷二《袁寿阶传》："家丰于财，置不省；遗书万卷，点勘考索不少休。闻一善本，必购得乃快。……与周明经锡瓒、黄主事丕烈、顾明经之逵号'藏书四友'，主事多宋槧本，往复商榷，尤契合。……楼中藏弆先泽兼历代知名人书画、古碑古器，一时名公投赠尺题毕备。……著《红蕙山房集》《五砚楼书目》《金石书画所见记》《渔隐录》诸书。"

谓之蝴蝶装，其糊经数百年不脱落，不知其糊法何似。偶阅王古心《笔录》，有老僧永(仙)〔光〕相遇，古心问僧："前代藏经，接缝如线，日久不脱，何也？"光云："古法用楮树汁、飞麺、白芨末三物，调和如糊，以之粘纸，永不脱落，坚如胶漆。"宋世装书，岂即此法耶？《疑耀》五。

装潢以小纸条衬于面上最不适用，繄国初风气。艺风丈劄存。○徐骑省。

《读书敏求记·云烟过眼录》下云："余从延陵季氏曾睹吴彩〔鸾〕书《切韵》真迹，逐叶翻看，〔展〕转至末，仍合为一卷，张邦基《墨庄漫录》云'旋风叶'者即此。自北宋刊本书行，而装潢之技绝矣。"按旋风叶岂即蝴蝶装邪？《茶香室钞》。

古书皆卷轴，以卷舒之难，因而为摺，久而摺断，复为部帙。原其初则本于竹简绢素云。《闲居录》。

养生家云："目不医不瞎，耳不挖不聋。"余喜蓄古书古帖，尝语人云："书不装不蛀，帖不裱不虫。"迩来书板极善，但一加外函，不久生蟫。藏书家须急去之，勿惜也。《笔精》七。○按此则书板起于万历间。

明本

明成化以前刊本与元本款式相仿，书贾往往割裂以充元椠。《仪顾集》。

木记

诸卷末有木记曰“相台岳氏刻梓家塾”，或曰“相台岳氏刻梓荆溪家塾”，为长方、椭圆、亞字诸式，具大小篆隶文。《天禄·春秋经传集解》。

每卷末有木记曰“世綵廖氏刻梓家塾”，为长方、椭圆、亞字诸式。同上。

《四书》：咸淳癸酉衢守长沙赵淇刊于郡庠，每版中有“衢州官书”四字。《中兴馆阁续录》：“秘书郎莫叔光上言：‘今承平滋久，四方之人，益以典籍为重。凡搢绅家世所藏善本，外之监司郡守，搜访得之，往往锓版，以为官书，其所在各自版行。’”宋时郡守刊书，于此可证。《天禄》。

字体

《六臣注文选》：董其昌《跋颜真卿书送刘太冲序后》有“宋四家书派皆宗鲁公”之语，则知北宋人学书，竟习颜体，故摹刻者亦以此相尚。其镌手于整齐之中寓流动之致，洵能不负佳书。

工价

路仲显字伯达，冀州人。家世寒微，其母有贤行，教伯达读书。国初赋学家有类书名节事者，新出，价数十金，大家儿有得之者，辄私藏之。母为伯达买此书，撙衣节食，累年而后致，戒伯达言："此书当置学舍中，必使同业者皆得观。少有靳固，吾即焚之矣。"《中州集》八。

雍正庚戌、辛亥间，修《浙江通志》，开局于南榷关署。以白金一斤，从竹垞之孙稼翁(跋)〔购〕得者。樊榭跋宋本《咸淳临安志》。○《曝书杂记》引。

绍兴府今刊《会稽志》一部，二十卷，用印书纸八百幅，古经纸一十幅，副叶纸二十幅，背古经纸平表一十幅，工墨八百文。每册装背□□文右具如前。嘉泰二年五月日手分俞澄、王思忠具安抚使校正书籍传梓。正德翻宋《会稽志》二十卷《续志》八卷。○曾见刘燕庭藏本七卷，后人补钞一卷。

王黄州《小畜集》三十卷，前有绍兴戊辰沈虞卿序，后有绍兴十七年黄州刊书契勘衔名。洪颐煊曰：末记印书纸并副板四百四十八张，表褙碧纸一十一纸，大纸八张，共钱二百六文足，赁板棕墨钱五百文足，装印工食钱四百三十文足。除印书纸外，共计钱一千一百三十六文足，见成出卖每部价五贯文，可省宋时印书工价如此。○《平津鉴藏记》三。

明刘若愚《酌中志》："刻字匠徐承惠供本犯与刻字工银，每字一百，时价(二)〔四〕分。因本犯要承惠僻静处刻，勿令人见，每百字加银五厘，约工银三钱四分。今算书八百馀字，与工银费相同。"按此知明时刻书价值至廉，今日奚啻倍之也！《茶香室钞》。

宋释文莹《湘山野录》云："欧公撰石曼卿墓表，苏子美书，邵餗篆额。山东诗僧秘演力干，欧、苏嘱演曰：'镌讫且未打得。'竟以词翰之美，演不能却。欧公于定力院见之，问寺僧何得，曰：'半千买得。'欧怒诟演曰：'吾之文反与庸人半千鬻之，何无识之甚！'演曰：'学士已多他三百八十三矣。'欧愈怒，演曰：'公岂不记作省元时，庸人竞摹新赋，叫于通衢，复更名呼云：两文来买！欧阳省元赋！今一碑五百，价已多矣。'欧因解颐。"按此知宋卖省元赋，其价甚廉。三百八十三加两文谓之半千者，其时循太平兴国之制，以七十七为百也。《茶香室》。

《释氏稽古略》：元本。每帙用夹钞纸六十四幅，计钞六百五十文，印墨工匠千三百五十文。常经收板题千五百文。

活本

明人活本

兰雪堂华氏。

《仪顾续》十："宋刊残本《类说》，书名大字，本文双行小字。华氏盖仿之也。"

《春秋繁露》：上有"兰雪堂"三字，下有刻工姓名。书名、题名、篇目皆大字，解皆双行。

《容斋五笔》：版心有"会通馆活字铜版印""弘治岁在旃蒙单阏"。

碧云馆《鹖冠子》。又有《墨子》《刘子》等，皆翻《道藏》，不知何氏所刻。

《老子口义》，明正德戊寅胡旻活本。《仪顾续》十一。

《鲍氏集》十卷，明活字本。《爱日志》。

《楹书隅录》卷五"明铜活字本《栾城集》"：明刊各书，以铜活字本为最善。昔得黄氏百宋一廛蓝印《墨子》，复翁校用黄笔。后又得义门朱校《急就章》，亦蓝印。皆绿格本也。今得此集，绿格墨印，古色古香，致足宝爱。

附录二　翻版牓文

宋本《方舆胜览》《日本访书志》卷六

两浙转运司　　　　录白

据祝太傅宅干人吴吉状:"本宅见刊《方舆胜览》及《四六宝苑》《事文类聚》凡数书,并系本宅贡士私自编辑,积岁辛勤,今来雕版,所费浩瀚。窃恐书市嗜利之徒,辄将上件书版翻开,或改换名目,或以《节略舆地纪胜》等书为名,翻开搀夺,致本宅徒劳心力,枉费钱本,委实切害。照得雕书,合经

使台申明,乞行约束,庶绝翻板之患。乞给榜下衢婺州书籍处张挂晓示,如有此色,容本宅陈告,乞追人毁版,断治施行。"奉台判,备榜须至指挥。

右令出榜衢婺州书籍去处张挂晓示,各令知悉。如有似此之人,仰经所属,陈告追究,毁版施行,故牓。

嘉熙贰年拾贰月　日牓

衢婺州雕书籍去处张挂

转运副使曾　　　　　台押

福建路转运司状乞给牓约束所属,不得翻开上件书版,并同前式,更不再录白。

《丛桂毛诗集解》三十卷附《学诗总说论》《爱日精庐藏书志》卷三

行在国子监据迪功郎新赣州会昌县丞段维清状:"维清先叔朝奉昌武,以《诗经》而两魁秋贡,以累举而擢第春官,学者咸宗师之。卬山罗史君瀛尝遣其子侄来学,先叔以毛氏《诗》口讲指画,笔以成编,本之东莱《诗记》,参以晦庵《诗传》,以至近世诸儒一话一言,苟足发明,率以录焉,名曰《丛桂毛诗集解》。独罗氏得其缮本,校雠最为精密,今其侄漕贡樾锓梓以广其传。维清窃惟先叔刻志穷经,平生精力毕于此书,傥或其他书肆嗜利翻板,则必窜易首尾,增损音义,非惟有辜罗贡士锓梓之意,亦重为先叔明经之玷。今状披陈,乞备牒两浙福建路运司,备词约束,乞给据付罗贡士为照。未敢自专,伏候
台旨。"呈奉台判牒仍给本监,除已备牒两浙路福建路运司备词约束所属书肆取责知委文状回申外,如有不遵约束违戾之人,仰执此经所属陈乞,追板劈毁,断罪施行,须至给据者。
右出给公据付罗贡士樾收执照应,淳祐八年七月日给。

宋本《东都事略》《皕宋楼藏书志》卷二十三

眉山程舍人宅刊行，已申上司，不许覆版。凡二行，在目录后。

元本《古今韵会举要》《皕宋楼藏书志》卷十七、《艺风堂藏书记》卷一

宲昨承先师架阁黄公在轩先生委刊《古今韵会举要》，凡三十卷。古今字画音义了然在目，诚千百年间未睹之秘也。今绣诸梓，三复雠校，并无讹误，愿与天下士大夫共之。但是编系私著之文，与书肆所刊见成文籍不同，窃恐嗜利之徒改换名目，节略翻刊，纤毫争差，致误学者。已经所属陈告乞行禁约外，收书君子伏幸藻鉴。后学陈宲谨白。四方牌子，十行，行二十三字。

元板《四书拂镜尘》张侗初太史著。○《图说》终有长方栏，内书四行文如左：

兹集系　张太史搜穷二(首)〔酉〕，博采嫏
嬛，上稽坟典，下辑考工，俾学者开卷
了然，即古人左图右书之意，大有裨
于举业也。有翻刻者，虽远办治。

明本《周易经传》《艺风藏书续记》

福建等处提刑按察司为书籍事。照得五经四书，士子第一切要之书，旧刻颇称善本。近时书坊射利，改刻袖珍等板，款制褊狭，字多差讹，如"巽与"讹作"巽语"，"〔由〕古"讹作"犹古"之类。岂但有误初学，虽士子在场屋，亦讹写被黜，其为误亦已甚矣。该本司看得书传海内，板在闽中，若不精校另刊，以正书坊之谬，恐致益误后学。议呈巡按察院详允会督学道，选委明经师生，将各书一遵钦颁官本，重复校雠，字画、句读、音释俱颇明的。《书》《诗》《礼记》《四书》传说款制如旧；《易经》加刻《程传》，恐只穷《本义》，涉偏废也；《春秋》以《胡传》为主，而《左》《公》《穀》三传附焉，备参考也。刻成合发刊布。为此牒仰本府着落当该官吏，即将发去各书，转发建阳县。拘各刻书匠户到官，每给一部，严督务要照式翻刊，县仍选委师生对同，方许刷卖。书尾就刻匠户姓名查考，再不许故违官式，另自改刊。如有违谬，拿问重罪，追板划毁，决不轻贷。仍取匠户不致违谬结状同依准缴来。嘉靖拾壹年拾贰月　日，故牒建宁府。

《七经图》七卷明万历刊本。○丁氏《善本书目》卷四第八页

新安吴继仕编　万历乙卯五月五日合编刊行

卷前叶有古玉花纹，并木记云："绵纸双印，恐有赝本，用古双琱玉为记。"

綿紙雙印
恐有贋本
用古雙琱
玉爲記

抄录邸报

康熙三年三月　日　礼部题复工科右给事中王　请颁官板经书等事一疏，内称“该臣等看得工科右给事中王曇疏称‘各省乡试经书印板多有不同，每至舛错，合无请

饬部估值纸价、工价，动用该部项下钱粮，多印几十部，分颁各省布政司存贮，遇科场时用以出题，则字无错讹’等因前来，应如科臣所请。臣部移文国子监估值印书纸价及刷印工价，详确报部，动支臣部项下会试银两印刷完毕，每省颁发各一部通行，各该布政司每遇科场之时应用可也”等因，具题奉

旨，依议。钦遵行文国子监刷印去后，今国子监将五经四书一十四部，修补残阙，刷印完毕，呈送前来，相应颁发各省布政司可也。合就照会该布政司查照施行。

朱氏经书启

窃惟伏羲画卦，肇自河图；仓颉作书，爰兴文字。秦籀汉篆，用垂艺苑之华；程楷蔡分，并勒墨林之宝。形事意声而阴阳画体，假借转注而律吕谐声。盖点画咸著成章，(翳)〔繄〕字句辄关至义。昭宣教化，圣学赖以昌明；炳蔚同文，礼乐由斯明备。书诚重

矣，学岂易哉！乃俗昧书源，遂人疏字法。《说文》《尔雅》，久落空传；《字汇》《海篇》，颇多杂漏。羊芈误解，枝杖谬书。豐豊犹述于中郎，朿宋尚闻于丞相。贤者不免，志士羞焉。至于制科取士，经书炳逾日星；若夫户诵家弦，传注俨同菽麦。此焉鹜乱，何事习传！况今

功令森严，科场禁密。纤毫略误，即似弊端；句点稍差，竟同违式。总缘沿谬习舛，平日原未正讹函丈；遂至信手挥毫，临场安能问字风檐！举笔既有参差，察义宁无扞格！兹幸

圣朝右文崇化，寰宇一道同风。经书奉有部颁，校正出乎中秘。高悬令甲，允示式从。然止公府深藏，尚未通都流播。经生学士，欲见不能；教习训诂，管窥无路。去岁乡比，贴出过多；来科棘闱，详慎宜预。旂等代守经书，世传集注，兹者梨镌祠内，奉作家珍；敢云纸贵洛阳，共瞻邦制。家存一册，人庋一编。釐定乖讹，学士拥书而意义可据；遂崇正韵，童蒙开卷而字画了然。匪特科场允赖，实亦道统攸传矣。时

朱锡英　朱采治
康熙庚戌冬长至日，紫阳后裔朱锡旂　朱正治谨启
朱之浩　朱之澄

提督江南通省学政邵　为严禁翻刻以卫经传事。照得经书传注，关系圣贤道统，后学师资。向因坊刻差

讹,致误士子进取,

朝廷特颁监本经书,发各省布政司,令试官、举子一体式从。随有杭州朱子后裔生员朱锡旂等请于浙省各台,有崇道堂模刻监本四书五经,其校正详细,点画无讹。迩闻江宁、苏州等处有书坊假冒监本名色,翻刻射利,字画舛错差谬。士子一时真伪难辨,无所适从,贻误不小。合行出示申饬。为此示,仰书坊刊匠缮写人等知悉:示后敢有混刻监本经书者,查出立拿解道重处,追板封贮,缮写刊匠一体连坐。其从前已刻者,即令铲去监本字样,以别真赝。如仍用监本字样封面,即以伪刻拿究。法在必行,毋视泛常。须至示者。

右谕通知

康熙十六年九月　　　日示

告示抄白

共七纸,见江南图书馆藏《礼记》。

康熙二十四年武进杨大鹤

複刻毛氏本《剑南诗钞》

亦有"如有私擅翻刻者,定当鸣之当事,严究重惩"之启。

《昭代丛书丙集·例言》

翻刻之禁，昔人所严。迩来当事诸公，类多宽厚长者；而选刻之家，其力又不能赴闽终讼。是以此辈益无忌惮，惟有付之浩叹而已。仆所梓《四书尊注会意解》，大受翻版之累。伏愿今八闽当道诸先生，凡遇此等流，力为追劈伪板，究拟如法，其所造诚非浅尠，仆当以瓣香供养之。

康熙癸酉夏五　　　　歙县张潮

山来氏　　　　又号心斋

附录三　世界怪物之发明及其进步

世界最神奇的是何物

世界最神奇的，诸君以为是何物？吾以为莫过于书。爱读书之人，真的饥时可用他煮了当饭，寒时可用他穿了当衣，寂寞时可用他当作知心的朋友。一物不知的人，有了他也会变成饱学之士。吾辈生今之世，得了这个帮助，比较起古人来，也算享尽文明之福了。

今昔的比较

吾国始有文字，远在四千馀年之前，为世界最古的文字。由此说来，尚古之世，已是有书。在下为何独说今人享尽了书的幸福呢？原来古时没有印刷之术，得书不易，纵毕生读书，所得的智识也是有限。

不论别的，单如时务一门，古人要晓得政府今日行了一件什么大事，地方起了一件什么新闻，是决非普通人所能晓得的。今日则不然，苟住在交通便利之处，则无论本国大事，世界大事，立刻就会晓得，此不是靠着报纸吗？

报纸之能如此神速,则恃有新奇的印刷术之故。

汉以前

古时文字,是用针烫在竹片上或蒲叶上的,一日工夫,不过烫得几行,即费了多少时候。烫好了一部书,翻阅起来亦甚不便。到秦始皇之时,这种笨滞的竹书,还遭下焚毁之劫,藏书的有罪。汉武帝方将此律除去。当时之人,竟至无书可读,识字人没有书读,这不是最难熬的么!

纸的发明

及至两汉之时,印板事虽然尚未想到,而已发明了缣纸之法。缣是用丝来造成的,其价甚贵,非富贵人不能购用。后汉时蔡伦始用树皮、败麻等物,制成曰纸,废物利用,价钱自不高贵,乃得通行于世,至今犹赖其利。蔡伦一人在我国文明史上,也是个重要人物。

有了纸,便可用笔墨钞在纸上,相传笔是秦时蒙恬所造,料与现在之笔迴然不同;墨是汉时隃麋地方所造。比西汉以前的人造化得多了。但一部书的字数,多则数万,少则数千,富贵人还可出钱雇人抄写,古英雄微贱时,多代人抄书为业,立功西域之班超,少年时亦为人佣书。寒士只得手抄了。你想一天能抄得好多书,一世能读得几部书? 所以古人从师讲授,是没有书的,直待下课之后,各据所闻,将先生之话记录起来。

始有雕版

吾国印刷术,到底发自何人,今不可知。惟此惊天动地的大发明,信其在隋唐之世,必已见端。正史所记,则始于后唐长兴明宗年号。三年,宰相冯道、李愚令国子监田敏校正九经,刻板印卖,此为经书有印本之始。周广顺中,蜀毋昭裔少时,向人借《文选》,人不肯与,昭裔发愤道:"吾他年得志,必雕板流通!"后来果应其话,是为文集有印本之始。

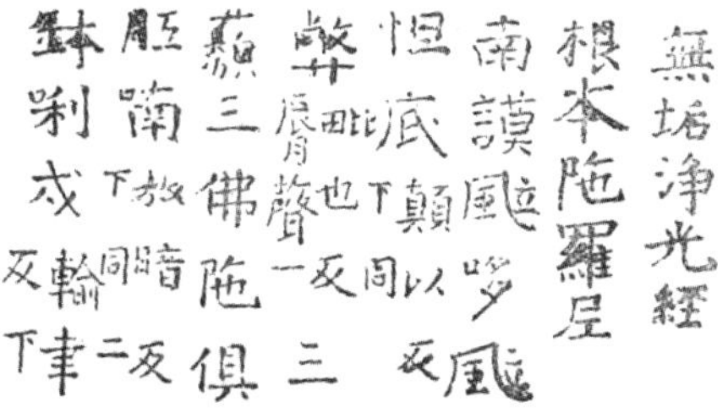

唐时木刻之佛经

宋时雕版之盛

宋时雕板之法,今虽不可细考,大约是和现在的差不

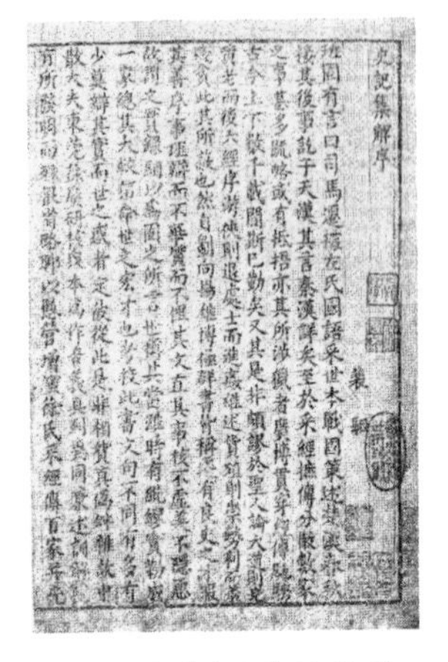

史記集解序 裴駰

班固有言曰司馬遷據左氏國語采世本戰國策述楚漢春秋
接其後事訖于天漢其言秦漢詳矣至於采經摭傳分散數家
之事甚多疏略或有抵梧亦其所涉獵者廣博貫穿經傳馳騁
古今上下數千載間斯已勤矣又其是非頗謬於聖人論大道則先
黃老而後六經序游俠則退處士而進姦雄述貨殖則崇勢利而羞
賤貧此其所蔽也然自劉向揚雄博極群書皆稱遷有良史之才服
其善序事理辯而不華質而不俚其文直其事核不虛美不隱惡
故謂之實錄駰以為固之所言世稱其當雖時有紕繆實勒成
一家總其大較信命世之宏才也考較此書文句不同有多有
少莫辨其實而世之惑者定彼從此是非相貿真偽舛雜故中
散大夫東莞徐廣研核眾本為作音義具列異同兼述訓解
粗有所發明而殊恨省略聊以愚管增演徐氏采經傳百家并先

宋时所印《史记》的雏形

多。先用纸将书样写准，喷水使纸稍湿，即把他反贴在板上。最好之板用枣木，其次为梨、榆、柳。细看纸在板上，一一熨贴了，然后用小刀雕刻起来。

雕刻既毕，始可刷印。一付木板，总可印得数千部，时候既比抄写为快，书价又比抄写为轻，而且校对详细，字画亦比抄本整齐。在赵宋之初，官衙学院和读书人家都刊书行世，可见雕板印书之事，为当时社会所欢迎了。到了南宋，此风更盛，通行之书，大约都有印本。四川、福建、杭州等处，书店林立，从此印书遂变成了一种商业。

活字板的创始

但人类的欲望，是没有止境的。到得后来，又嫌雕板之法为时太久，费钱太多，大家更要想出一个简捷的法子来，方为称心。便有一人，姓毕名昇，创出活字摆板法；明朝华允刚安国又创活字铜板；乾隆时有高丽国人金简，入仕中朝，又将旧法改良，名为聚珍板。此法虽然比雕板容易，印成之后，却有两宗坏处，一是行格不整，二是讹字较多，所以不甚通行。今惟家谱一类之书，是用活字板为多。

活字板的造法

诸君亦知当时之活字板怎样做的？是先写了字样，刻在四方的木块上，处处可以移用，所以谓之活字。愈生僻之字，则同样之字愈少；愈常用之字，则同样之字愈多。大小字体，各种齐备。吾国常用的字，不过六千有馀，苟有十五万个活字，一切文书，无不可以摆印了。摆印时先将行款格式，在槽板上规定，照稿本逐字排去，即可成书。

欧洲人的活字

吾国刷印事业已大进步之时，西洋各国还没有梦想

格氏活字版印出之书

到哩。直至一千四百五十年,方有德国人格登堡创出活字印刷法来,其时已是我国明朝时候了。

格登堡是德国梅尼士地方人,家素富贵,少时即为亲戚所推重。常想在实业上有所发明,试过多少事业,皆遭失败。后得发明活字板,足见有志竟成。

欧洲第一部印板书

格登堡造活字板之时,家产早已丧尽。幸他至友约翰福鉴他苦心,借给资本与格登堡,以为试验之资。第一部印出的,便是《新旧约》,至今还藏在德国博物院中,为文明进化的纪念。

此欧洲古时之图书馆也,因得书不易,恐人携去家中,故每册皆用铁链穿起,不能移动。

今世印刷术之大进步

格登堡始创之活字，是用木刻，其法与金简所造者同。到得现在，字是用铜或铅，也不须雕刻而成，只消用铜做成字模，再用铅铸出。顷刻之间，可成无数，笔画光洁，比从前的木板，又快又好。除了摆字、折叠必用手工外，其馀如铸字、印刷、切书、订书等事，无不有极灵便的机器，数点钟内，即可出书。便是这本《少年》杂志，也是如此印成的。

（原载于《少年》杂志 1911 年第 9 期）

附录四　重印《中国雕板源流考》题跋

孙毓修（正确生卒年1871—1922[①]）撰《中国雕板源流考》是版本学史中，严格地说是其分支学属版刻学史中的一部资料性的非常有价值的著作。我国是世界上最早创造发明雕板印刷以及活字印刷术的国家，而作为版刻学史的专门著作，这才是最早的一部，并且所辑集的资料，相当广博而完整。当时孙先生以积年之功，只手之力，从事《书目考》的巨大制作事业，赖其工作机构的藏书楼"涵芬楼"和自己的书室"小绿天"典籍之丰，收左右逢源之利。《书目考》的第二稿中有"传刻"一门，在这个

①孙氏的正确生卒年份，是从他的故乡江苏省无锡县开原乡孙巷探询清楚的。以往因不详其确实生卒年，各种记载各作推测，悉皆误失。我在写《孙毓修的古籍出版工作和版本目录学著作》一文（发表于《出版史料》1989年第3—4期合刊本）时，也是推测，是以为约生于1866年左右，卒于1928年左右来作估算的，失误不浅。最近出版的一本《中国目录学家辞典》记载孙氏约生于1869年，约卒于1939年，那差距更大。所以有必要在此郑重披露孙氏的正确生卒年份以及其在世的确实年龄：生于1871年（清同治十年），卒于1922年（民国十一年），存年五十二岁。——原注。整理者按：按孙氏实卒于1923年1月22日，农历仍在去年腊月，胡先生所以误记者盖因此。

基础上，他便捷地编写成了《中国雕板源流考》一书。

与《源流考》类似的有部《书林清话》。《清话》约有十五万字，《源流考》在分量上只有前者的五分之一。因而人们往往有种错觉，以为《源流考》所辑集的资料必已完全包括在《清话》之中了。其实不然。且举两个重要的事例。

（一）关于刻书的工料价值。在某些官刻本书籍里是有记载的，不但能借以了解当时的刻工工价和纸张、印材、装潢的价格，也能用来比照而知当时的社会生活状况，是很有用的经济史料。《清话》只从元版《金陵新志》中找到所记刻印此书十五卷、十三册所用原料、工价共付中统钞一百四十三锭二十九两多的记载。但在《源流考》的《刻印书籍工价》篇中，就列举了四部宋版书的"纸数印造工墨钱"，证明雕印书籍中的此项记录，宋代早已有之。其中最为吸引我们注意的乃是关于宋庆元六年（1200）华亭县学刻本《二俊文集》所载租板印刷时应缴的板片和工墨价钱的记录。我们现在编纂《上海市出版志》，对于较为缺乏的古代出版事业史料，正广索博求。古华亭县是上海的母体，如今是上海市属的松江县。宋庆元刻本《二俊文集》中的《陆士龙集》至今有孤本藏在北京图书馆，为国宝级善本，同时也是至今尚存的上海地区最早的一部古刻本书，所以我们非常珍视它。《二俊文集》的前帙是《陆士衡集》，华亭原刻宋本可惜今已失去，《陆士龙集》成为断鸿孤雁，而工价的记录是刻印在前帙中的。这么一说,大家就会明确《源流考》从《天禄琳琅》所辑录的这条资料之可宝贵了。

（二）《源流考》传报了一条编写时所得的十分重要的,也应该说是非常敏感的信息:“近有江陵杨氏藏《开元杂报》七叶,云是唐人雕本,叶十三行,每行十五字,字大如钱。”但后来一直没能证实,便为人们所诟谇,认为此说出于妄言动听,而《源流考》轻信谣传。但七十年过去后,弄明白确有唐代刻印的《开元杂报》残叶保存在伦敦大不列颠博物馆里,中国人民大学新闻学史专家方汉奇教授已得其照片,行数、字数正和《源流考》所传报者相同。张翁秀民的新著《中国印刷史》里也已为《源流考》这一记述加以申明。

《源流考》最初出版于1918年,为商务印书馆编印的《文艺丛书》中的一种。这部丛书颇多佳著,王观堂先生的《宋元戏曲史》初版本亦为其中之一种。《源流考》后又收入商务印书馆的《国学小丛书》及《万有文库·初集》中。但建国以后,在大陆上却未再重版过,而《书林清话》在近三十年中重印至四次之多。所以《源流考》如今很难求得就不为怪了。我曾三有其书而三失之,至今每欲查阅,只好乞借于图书馆。展思得本再藏,而旧书久觅无成,手录缺乏时间,硒静电复印毕竟价昂。懊恼间忽闻《出版史料》决策将其作为“旧文重刊”载印,喜出望外。相信与我同分此乐者当不乏人,也都会对主编宋(原放)、赵(家璧)二公此举叫好!我向以为历世佳著名构之得以永传，端赖有识之士、有心之人甄定鉴别，迭刻再印，因能传薪添火，存亡续绝。欢慰之馀，遂抒所怀，以当浮白。

1990 年 8 月胡道静跋于劫后海隅文库

（原载于《出版史料》1990 年第 4 期）